华章IT

HZBOOKS | Information Technology

数据分析与决策
技术丛书

R Data Mining Blueprints

R语言数据挖掘
实用项目解析

［印度］普拉迪帕塔·米什拉（Pradeepta Mishra） 著

黄芸 译

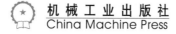

图书在版编目（CIP）数据

R语言数据挖掘：实用项目解析 /（印）普拉迪帕塔·米什拉（Pradeepta Mishra）著；黄芸译. —北京：机械工业出版社，2017.3

（数据分析与决策技术丛书）

书名原文：R Data Mining Blueprints

ISBN 978-7-111-56520-8

I. R… II. ①普… ②黄… III. ①程序语言 – 程序设计 ②数据采集 IV. ① TP312 ② TP274

中国版本图书馆 CIP 数据核字（2017）第 070089 号

本书版权登记号：图字：01-2016-8651

Pradeepta Mishra: R Data Mining Blueprints（ISBN: 978-1-783989-68-3）.

Copyright ©2016 Packt Publishing. First published in the English language under the title "R Data Mining Blueprints".

All rights reserved.

Chinese simplified language edition published by China Machine Press.

Copyright © 2017 by China Machine Press.

本书中文简体字版由Packt Publishing授权机械工业出版社独家出版。未经出版者书面许可，不得以任何方式复制或抄袭本书内容。

R语言数据挖掘：实用项目解析

出版发行：机械工业出版社（北京市西城区百万庄大街22号 邮政编码：100037）			
责任编辑：吴晋瑜		责任校对：殷 虹	
印　　刷：北京市荣盛彩色印刷有限公司		版　　次：2017年5月第1版第1次印刷	
开　　本：186mm × 240mm 1/16		印　　张：12.5	
书　　号：ISBN 978-7-111-56520-8		定　　价：49.00元	

凡购本书，如有缺页、倒页、脱页，由本社发行部调换

客服热线：（010）88379426 88361066　　　　　　投稿热线：（010）88379604

购书热线：（010）68326294 88379649 68995259　　读者信箱：hzit@hzbook.com

版权所有 • 侵权必究

封底无防伪标均为盗版

本书法律顾问：北京大成律师事务所　韩光 / 邹晓东

译者序

在这个信息爆炸的时代中，无论是个人还是企业，都是数据的产生者，同时也是数据价值的受益者。对于已经积累了大量数据的企业来说，通过数据挖掘来提升投资回报率（Return on Investment，ROI）或商业价值已成为刻不容缓的目标。

R 语言凭借其健康的开源工具生态及简单易上手的语言特性，广泛应用于统计领域，并获得了数据分析爱好者们的青睐。R 语言的主要用户群或许未曾想到，也正如数据挖掘人士未曾想到的是，用作统计分析工具的 R 语言也可以成为数据挖掘的利器。R 语言的语言特性使其不仅适合数据分析人员使用，也适合所有试图从数据中获取个人在意的信息或者企业关注的业务价值的各行业人员使用。

本书是一本介绍使用 R 语言进行数据挖掘的指南书。既然是指南书，也就不要求读者有多么深厚的统计基础以及丰富的编程经验。本书将对所涉及的理论知识进行简单的介绍，清晰地列出相关公式与使用技术时的注意要点，还配有大量代码和图片，以帮助读者通过实践加深对概念的理解。为了给读者营造出一种清晰的数据挖掘项目流程感，本书按照"数据处理——数据探索——建立应用模型"这样的顺序组织编写，以求做到简洁而不失细节。此外，本书对数据处理中的棘手问题（譬如时间格式、缺失值的处理）均做出了详细指导，且由于数据探索在项目中的重要性，亦从统计角度到可视化角度给出了讲解。针对应用模型的建立，本书选取了现实中常见的模型进行介绍，由简单的回归模型开始，到应用广泛的购物篮分析、推荐系统构建，再到较复杂的神经网络模型。

本书的一大特色是结合了现实中广泛应用的数据案例，如零售业、制造业、信用评分、医疗业等的数据案例。通过本书的学习，读者不仅能够掌握一定的技术实战能力，也能从中得到一些有关业务应用的启发，最终学以致用。

黄 芸

前　言 Preface

随着数据规模和种类的增长，应用数据挖掘技术从大数据中提取有效信息变得至关重要。这是因为企业认为有必要从大规模数据的实施中获得相应的投资回报。实施数据挖掘的根本性原因是要从大型数据库中发现隐藏的商机，以便利益相关者能针对未来业务做出决策。数据挖掘不仅能够帮助企业降低成本以及提高收益，还能帮助他们发现新的发展途径。

本书将介绍使用R语言（一种开源工具）进行数据挖掘的基本原理。R是一门免费的程序语言，同时也是一个提供统计计算、图形数据可视化和预测建模的软件环境，并且可以与其他工具和平台相集成。本书将结合R语言在示例数据集中的应用来阐释数据挖掘原理。

本书将阐述数据挖掘的一些主题，如数学表述、在软件环境中的实现，以及如何据此来解决商业问题。本书的设计理念是，读者可以从数据管理技术、探索性数据分析、数据可视化等内容着手学习，循序渐进，直至建立高级预测模型（如推荐系统、神经网络模型）。本书也从数据科学、分析学、统计建模以及可视化等角度对数据挖掘这一概念进行了综述。

本书内容

第1章　带领读者初识R编程基础，借助真实的案例帮助读者了解如何读写数据，了解编程符号和语法指令。这一章还给出了供读者动手实践的R脚本，以更好地理解书中的原理、术语以及执行特定任务的深层原因。之所以这样设计，是为了让没有太多编程基础的读者也能使用R来执行各种数据挖掘任务。这一章将简述数据挖掘的意义以及它与其他领域（诸如数据科学、分析学和统计建模）的关系，除此之外，还将展开使用 R 进行数据管理的讨论。

第 2 章 帮助读者理解探索性数据分析。探索数据包括数据集中变量的数值描述和可视化，这将使得数据集变得直观，并使我们能对其快速定论。对数据集有一个初步的理解很重要，比如选择怎样的变量进行分析、不同变量之间的关联，等等。创建交叉二维表有助于理解分类变量之间的关系，对数据集实施经典统计检验来验证对数据的种种假设。

第 3 章 涵盖从基础的数据可视化到调用 R 语言中的库实现高级的数据可视化。观察数字和统计能从多个侧面"告诉"我们关于变量的"故事"，而当图形化地了解变量和因子之间的关系时，它将展示另一个"故事"。可见，数据可视化将揭示数值分析和统计无法展现的信息。

第 4 章 帮助读者学习利用回归方法的预测分析基础，包括线性和非线性回归方法在 R 中的实现。读者不仅可以掌握所有回归方法的理论基础，也将通过 R 实践获得实际动手操作的经验。

第 5 章 介绍了一种产品推荐方法——购物篮分析（MBA）。这种方法主要是将交易级的商品信息关联，从中找出购买了相似商品的客户分类，据此推荐产品。MBA 还可以应用于向上销售和交叉销售中。

第 6 章 介绍了什么是分类、聚类是如何应用到分类问题的、聚类用的是什么方法等内容，并对不同的分类方法进行了对比。在这一章，读者将了解使用聚类方法的分类基础知识。

第 7 章 涵盖以下内容及相应的 R 语言实现：推荐系统是什么，实现推荐的工作原理、类型和方法，使用 R 语言实现商品推荐。

第 8 章 使用 R 语言和一个实际数据集实现主成分分析（PCA）、奇异值分解（SVD）和迭代特征提取等降维技术。随着数据的量与类的增长，数据的维度也在随之增长。降维技术在不同领域都有很多应用，例如图像处理、语音识别、推荐系统、文本处理等。

第 9 章 讲解了多种类型的神经网络、方法，以及通过不同的函数来控制人工神经网络训练的神经网络变体。这些神经网络执行标准的数据挖掘任务，例如：采用基于回归的方法预测连续型变量，利用基于分类的方法预测输出水平，利用历史数据来预测数值变量的未来值，以及压缩特征从而识别重要特征以执行预测或分类。

准备工作

为了学习本书附带的例子和代码，读者需要从 https://cran.r-project.org/ 下载 R 软件（也可以从 https://www.rstudio.com/ 下载 R Studio），然后安装。没有特定的硬件要求，只需要一台至少 2GB RAM 的计算机，适用于任何操作系统，包括 MAC、Linux 和 Windows。

读者对象

本书适用于刚开始从事数据挖掘、数据科学或者预测建模的读者，也适用于有中等统计与编程水平的读者。基本的统计知识对于理解数据挖掘是必需的。阅读前几章并不需要编程知识。本书将讲解如何使用 R 语言进行数据管理和基本的统计分析。本书亦适用于学生、专业人员及有志成为数据分析师的读者。

排版约定

在本书中，为了区分不同内容，字体风格也会随之变化。以下是字体风格示意：

书中的代码、文件名、文件扩展名、路径名、URL 地址、用户输入、推特标签看起来会是这样："在处理 ArtPiece 数据集时，我们将通过一些与业务相关的变量来预测一个艺术作品是否值得购买。"

所有命令行的输入或输出在书中显示如下：

```
>fit<- neuralnet(formula = CurrentAuctionAveragePrice ~ Critic.Ratings +
Acq.Cost + CollectorsAverageprice + Min.Guarantee.Cost, data = train,
hidden = 15, err.fct = "sse", linear.output = F)
> fit
Call: neuralnet(formula = CurrentAuctionAveragePrice ~ Critic.Ratings +
Acq.Cost + CollectorsAverageprice + Min.Guarantee.Cost, data = train,
hidden = 15, err.fct = "sse", linear.output = F)
1 repetition was calculated.
   Error Reached Threshold Steps
1 54179625353167    0.004727494957 23
```

作者的话

如果读者对于本书所涉及的内容有疑问，可以在 Twitter 上搜索 @mishra1_PK，我非常乐意为大家提供帮助。

非常感谢我的妻子 Prajna 和女儿 Aarya，也要感谢我的朋友和工作中的同事在我完成本书的过程中给予我的支持与鼓励。

关于审稿人

Alexey Grigorev 是一名熟练的数据科学家和软件工程师,有超过 5 年的专业经验。他现在是 Searchmetrics Inc 的一名数据科学家。在日常工作中,他热衷于使用 R 和 Python 进行数据清洗、数据分析和建模工作。他也是 Packt 出版的其他数据分析书籍的审稿人,比如《测试驱动的机器学习》与《掌握 R 数据分析》。

目录 Contents

译者序
前言

第1章 使用R内置数据进行数据处理 ·········· 1

1.1 什么是数据挖掘 ·········· 2
1.2 R语言引论 ·········· 4
    1.2.1 快速入门 ·········· 4
    1.2.2 数据类型、向量、数组与矩阵 ·········· 4
    1.2.3 列表管理、因子与序列 ·········· 7
    1.2.4 数据的导入与导出 ·········· 8
1.3 数据类型转换 ·········· 10
1.4 排序与合并数据框 ·········· 11
1.5 索引或切分数据框 ·········· 15
1.6 日期与时间格式化 ·········· 16
1.7 创建新函数 ·········· 17
    1.7.1 用户自定义函数 ·········· 17
    1.7.2 内置函数 ·········· 18
1.8 循环原理——for循环 ·········· 18
1.9 循环原理——repeat循环 ·········· 19
1.10 循环原理——while循环 ·········· 19
1.11 apply原理 ·········· 19
1.12 字符串操作 ·········· 21
1.13 缺失值（NA）的处理 ·········· 22
小结 ·········· 23

第2章 汽车数据的探索性分析 ·········· 24

2.1 一元分析 ·········· 24
2.2 二元分析 ·········· 30
2.3 多元分析 ·········· 31
2.4 解读分布和变换 ·········· 32
    2.4.1 正态分布 ·········· 32
    2.4.2 二项分布 ·········· 34
    2.4.3 泊松分布 ·········· 34
2.5 解读分布 ·········· 34
2.6 变量分段 ·········· 37
2.7 列联表、二元统计及数据正态性检验 ·········· 37
2.8 假设检验 ·········· 41
    2.8.1 总体均值检验 ·········· 42
    2.8.2 双样本方差检验 ·········· 46

2.9 无参数方法 ········· 48
    2.9.1 Wilcoxon 符号秩检验 ····· 49
    2.9.2 Mann-Whitney-Wilcoxon 检验 ········· 49
    2.9.3 Kruskal-Wallis 检验 ······ 49
小结 ············· 50

第 3 章 可视化 diamond 数据集 ···· 51

3.1 使用 ggplot2 可视化数据 ······ 54
    3.1.1 条状图 ············· 64
    3.1.2 盒状图 ············· 65
    3.1.3 气泡图 ············· 65
    3.1.4 甜甜圈图 ··········· 66
    3.1.5 地理制图 ··········· 67
    3.1.6 直方图 ············· 68
    3.1.7 折线图 ············· 68
    3.1.8 饼图 ··············· 69
    3.1.9 散点图 ············· 70
    3.1.10 堆叠柱形图 ······· 75
    3.1.11 茎叶图 ············ 75
    3.1.12 词云 ·············· 76
    3.1.13 锯齿图 ············ 76
3.2 使用 plotly ··············· 78
    3.2.1 气泡图 ············· 78
    3.2.2 用 plotly 画条状图 ····· 79
    3.2.3 用 plotly 画散点图 ····· 79
    3.2.4 用 plotly 画盒状图 ····· 80
    3.2.5 用 plotly 画极坐标图 ··· 82
    3.2.6 用 plotly 画极坐标散点图 ·· 82
    3.2.7 极坐标分区图 ······· 83

3.3 创建地理制图 ············· 84
小结 ······················· 84

第 4 章 用汽车数据做回归 ········ 85

4.1 回归引论 ················· 85
    4.1.1 建立回归问题 ······· 86
    4.1.2 案例学习 ··········· 87
4.2 线性回归 ················· 87
4.3 通过逐步回归法进行变量选取 ············· 98
4.4 Logistic 回归 ············· 99
4.5 三次回归 ················ 105
4.6 惩罚回归 ················ 106
小结 ······················ 109

第 5 章 基于产品数据的购物篮分析 ········ 110

5.1 购物篮分析引论 ·········· 110
    5.1.1 什么是购物篮分析 ··· 111
    5.1.2 哪里会用到购物篮分析 ···· 112
    5.1.3 数据要求 ·········· 112
    5.1.4 前提假设 / 要求 ····· 114
    5.1.5 建模方法 ·········· 114
    5.1.6 局限性 ············ 114
5.2 实际项目 ················ 115
    5.2.1 先验算法 ·········· 118
    5.2.2 eclat 算法 ········· 121
    5.2.3 可视化关联规则 ···· 123
    5.2.4 实施关联规则 ······ 124
小结 ······················ 126

第 6 章 聚类电商数据 ... 127

- 6.1 理解客户分类 ... 128
  - 6.1.1 为何理解客户分类很重要 ... 128
  - 6.1.2 如何对客户进行分类 ... 128
- 6.2 各种适用的聚类方法 ... 129
  - 6.2.1 K 均值聚类 ... 130
  - 6.2.2 层次聚类 ... 135
  - 6.2.3 基于模型的聚类 ... 139
  - 6.2.4 其他聚类算法 ... 140
  - 6.2.5 聚类方法的比较 ... 143
- 参考文献 ... 143
- 小结 ... 143

第 7 章 构建零售推荐引擎 ... 144

- 7.1 什么是推荐 ... 144
  - 7.1.1 商品推荐类型 ... 145
  - 7.1.2 实现推荐问题的方法 ... 145
- 7.2 前提假设 ... 147
- 7.3 什么时候采用什么方法 ... 148
- 7.4 协同过滤的局限 ... 149
- 7.5 实际项目 ... 149
- 小结 ... 157

第 8 章 降维 ... 158

- 8.1 为什么降维 ... 158
- 8.2 降维实际项目 ... 161
- 8.3 有参数法降维 ... 172
- 参考文献 ... 173
- 小结 ... 173

第 9 章 神经网络在医疗数据中的应用 ... 174

- 9.1 神经网络引论 ... 174
- 9.2 理解神经网络背后的数学原理 ... 176
- 9.3 用 R 语言实现神经网络 ... 177
- 9.4 应用神经网络进行预测 ... 180
- 9.5 应用神经网络进行分类 ... 183
- 9.6 应用神经网络进行预测 ... 185
- 9.7 神经网络的优缺点 ... 187
- 参考文献 ... 187
- 小结 ... 187

第 1 章 Chapter 1

使用 R 内置数据进行数据处理

本书主要介绍在 R 语言平台上实现数据挖掘的方法和步骤。因为 R 是一种开源工具,所以对各层次的学习者而言,学习使用 R 语言进行数据挖掘都会很有意思。本书的设计宗旨是,读者可以从数据管理技术着手,从探索性数据分析、数据可视化和建模开始,直至建立高级预测模型,如推荐系统、神经网络模型等。本章将概述数据挖掘的原理及其与数据科学、分析学和统计建模的交叉。在本章,读者将初识 R 编程语言基础,并通过一个真实的案例,了解怎样读取和写入数据,熟悉编程符号和理解句法。本章还包含了 R 语言脚本,可供读者动手实践,以加深对原理和术语的理解,领会数据挖掘任务的来龙去脉。本章之所以这样设计,是为了让那些编程基础薄弱的读者也可以通过执行 R 语言命令来完成一些数据挖掘任务。

本章将简述数据挖掘的意义以及它与其他领域(如数据科学、分析学和统计建模)的关系,还会就使用 R 进行数据管理的话题展开讨论。通过学习本章的内容,读者应掌握以下知识点:

- 了解 R 语言中所使用的各种数据类型,包括向量和向量运算。
- 数据框的索引及因子序列。
- 数据框的排序与合并以及数据类型的转换。
- 字符串操作以及数据对象格式化。

- 缺失值（NA）的处理方法。
- 流控制、循环构建以及 apply 函数的应用。

1.1 什么是数据挖掘

数据挖掘可以定义为这样的过程：从现有数据库中"解读"出有意义的信息，然后加以分析，并将结果提供给业务人员。从不同数据源分析数据，进而归纳出有意义的信息和洞见——这属于统计知识的探索，不仅有助于业务人员，也有助于多个群体，如统计分析员、咨询师和数据科学家。通常，数据库中的知识探索过程是不可预知的，对探索结果也可以从多个角度进行解读。

硬件设备、平板、智能手机、计算机、传感器等电子设备的大规模增长促使数据以超前的速度产生与收集。随着现代计算机处理能力的提升，可以对增长的数据进行预处理和模型化，以解决与商业决策过程相关的各种问题。数据挖掘也可以定义为利用统计方法、机器学习技术、可视化和模式匹配技术从离散的数据库和信息资源库中进行知识密集型搜索。

零售商店内所有物品的条形码、制造业所有货物的射频识别标签、推特简讯、Facebook 上的贴子、遍布城市用于监控天气变化的传感器、录像分析、基于观看信息统计的视频推荐……这些结构化和非结构化数据的增长创造了一个催生各种各样的工具、技术和方法的生态系统。前文提到应用于各种数据的数据挖掘技术，不仅提供了有用的数据结构信息，也就企业未来可采取的决策提出了建议。

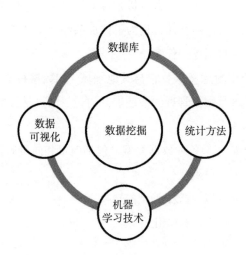

数据挖掘包括以下几个步骤：

1）从数据库和数据仓库中抽取需要的数据。

2）检查数据，删除冗余特征和无关信息。

3）有时需要与其他未关联数据库中的数据相合并。所以，需要找到各个数据库的共同属性。

4）应用数据转换技术。有时，一些属性和特征需要包含在一个模型中。

5）对输入的特征值进行模式识别。这里可能会用到任何模式识别技术。

6）知识表达。其中包括把从数据库中提炼出来的知识通过可视化方式展示给利益相关者。

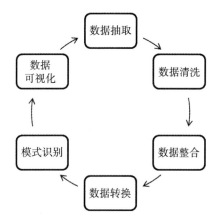

在讨论了数据挖掘的流程和核心组成之后，我们也需注意到实施数据挖掘时可能遇到的挑战，比如运算效率、数据库的非结构化以及怎样将其与结构化数据结合、高维数据的可视化问题，等等。这些问题可以通过创新的方法来解决。本书在项目实践中会涉及一些解决方法。

它是怎么与数据科学、分析和统计建模关联的

数据科学是个很宽泛的话题，其中也包含了一些数据挖掘的概念。根据之前对数据挖掘的定义，即它是从数据中发现隐藏模式，找出有意思的关联并能提供有用的决策支持的过程，可知数据挖掘是数据科学项目的子集，涉及模式识别、特征提取、聚类以及监督分类等技术。分析学和统计建模包含了很多预测模型——基于分类的模型，通过应用这些方法解决实际业务问题。数据科学、分析学和统计建模、数据挖掘这些术语之间明显是有重叠的，所以不应该把它们看作完全独立的术语。根据项目要求和特定的业务问题，它们重叠的部分可

能有所不同。但总的来说，所有概念都是相关联的。数据挖掘过程也包括基于统计和机器学习方法来提取数据，提取自动化规则，也需要利用好的可视化方法来展示数据。

1.2 R语言引论

本节将开始使用基础的 R 编程知识来做数据管理和数据处理，其中也会讲到一些编程技巧。R 可以从 https://www.r-project.org/ 下载。用户可以基于自己的操作系统下载和安装 R 二进制文件。R 编程语言作为 S 语言的扩展，是一个统计计算平台。它提供高级预测建模、机器学习算法实施和更好的图表可视化。R 还提供了适用于其他平台的插件，比如 R.Net、rJava、SparkR 和 RHadoop，这提高了它在大数据场景下的可用性。用户可以将 R 脚本移植到其他编程环境中。关于 R 的详细信息，读者请参考：

`https://www.r-project.org/`。

1.2.1 快速入门

启动 R 时的信息如下图所示。所有输入 R 控制台的都是对象，在一个激活的 R 会话中创建的对象都有各自不同的属性，而一个对象附有的一个共同属性称作它的类。在 R 中执行面向对象编程有两种比较普遍的方法，即 S3 类和 S4 类。S3 和 S4 的主要区别在于前者更加灵活，后者是更结构化的面向对象编程语言。S3 和 S4 方法都将符号、字符和数字当作 R 会话中的一个对象，并提供了可使对象用于进一步计算的功能。

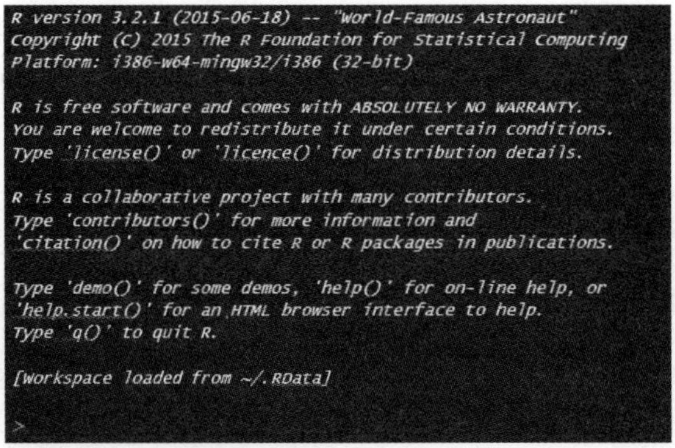

1.2.2 数据类型、向量、数组与矩阵

数据集可分为两大类型：原子向量和复合向量。在 R 语言中，原子向量可以分为 5

种类型，即数值或数字型、字符或字符串型、因子型、逻辑型以及复数型；复合向量分为 4 种类型，即数据框、列表、数组以及矩阵。R 中最基本的数据对象是向量，即使将单数位数字赋给一个字母，也会被视为一个单元素向量。所有数据对象都包含模式和长度属性，其中模式定义了在这个对象里存放的数据类型，长度则定义了对象中包含的元素个数。R 语言中的 c() 函数用于将多种元素连接成一个向量。

让我们来看 R 中不同数据类型的一些示例：

```
> x1<-c(2.5,1.4,6.3,4.6,9.0)
> class(x1)
[1] "numeric"
> mode(x1)
[1] "numeric"
> length(x1)
[1] 5
```

在上述代码中，向量 *x*1 是一个数值型向量，元素个数是 5。class() 和 mode() 返回相同的结果，因此都是在确定向量的类型：

```
> x2<-c(TRUE,FALSE,TRUE,FALSE,FALSE)
> class(x2)
[1] "logical"
> mode(x2)
[1] "logical"
> length(x2)
[1] 5
```

在上述代码中，向量 *x*2 是由 5 个元素组成的一个逻辑型向量。逻辑型向量的元素或值可以写成 T/F 或者 TRUE/FALSE。

```
    > x3<-
c("DataMining","Statistics","Analytics","Projects","MachineLearning")
    > class(x3)
    [1] "character"
    > length(x3)
    [1] 5
```

在上述代码中，向量 *x*3 代表了一个长度为 25 的字符型向量。该向量中的所有元素都可以用双引号（" "）或单引号（' '）调用。

```
a <- c('Male','Male','Female','Female','Male','Male',
+ 'Male','Female','Male','Female')
> mode(a)
[1] "character"
> factor(a)
[1] Male Male Female Female Male Male Male Female
[9] Male Female
Levels: Male Female
```

因子是数据的另一种格式，因子型向量中列出了多种分类（也称"水平"）。在上述代码中向量 *a* 是一个字符型向量，它的两个水平/分类以一定频率重复。as.factor() 命令用于将字符型向量转换成因子数据类型。使用该命令后，我们可以看到它有 5 个水平：Analytics、DataMining、MachineLearning、Projects 和 Statistics。table() 命令可用于显示因子变量频数表的计算结果：

```
> x<-data.frame(x1,x2,x3)
> class(x)
[1] "data.frame"
> print(x)
  x1    x2              x3
1 12  TRUE        Analytics
2 13 FALSE       DataMining
3 24  TRUE  MachineLearning
4 54 FALSE         Projects
5 29  TRUE       Statistics
```

数据框是 R 中另一种常见的数据格式，它可以包含所有不同的数据类型。数据框是一个列表，其中包含了多个等长的向量和不同类型的数据。如果只是从电子表格导入数据集，那么该数据类型将默认为数据框。之后，每个变量的数据类型均可更改。因此，数据框可定义为由包含不同类型的变量列组成的一个矩阵。在前面的代码中，数据框 x 包含了三种数据类型：数值型、逻辑型和字符型。大多数真实数据集会包含不同的数据类型，比如，零售商店里存储在数据库中的客户信息就包括客户 ID、购买日期、购买数量、是否参与了会员计划等。

关于向量的一个要点：向量中的所有元素必须是同类型的。如果不是，R 会进行强行转换。例如，在一个数值型向量中，如果有一个元素是字符型，该向量的类型会从数值型转换成字符型。代码如下所示：

```
> x1<-c(2.5,1.4,6.3,4.6,9.0)
> class(x1)
[1] "numeric"
> x1<-c(2.5,1.4,6.3,4.6,9.0,"cat")
> class(x1)
[1] "character"
```

R 是区分大小写的，比如，"cat"与"Cat"，它们是不同的。所以，用户在给向量分配对象名字时必须格外注意。

有时，要记住所有对象名字不总是那么容易，示例如下：

```
> ls()
[1] "a"           "centers"     "df"          "distances"
```

```
[5]  "dt2"        "i"              "indexes"         "km"
[9]  "kmd"        "kmeans.results" "log_model"       "mtcars"
[13] "outliers"   "pred"           "predict.kmeans"  "probs"
[17] "Smarket"    "start"          "sumsq"           "t"
[21] "test"       "Titanic"        "train"           "x"
[25] "x1"         "x2"             "x3"              "x4"
[29] "x5"         "y"              "z"
```

若想知道当前 R 会话中的所有活动对象，可使用 ls() 命令。list 命令也会输出当前 R 会话中的所有活动对象。下面我们来看看什么是列表、如何从列表中提取元素以及如何使用 list 函数。

1.2.3 列表管理、因子与序列

列表是一个可包含抽象对象的有序对象集合。列表中的元素可以通过双重中括号获取。不要求所包含的对象是同一类型，示例如下：

```
> mylist<-list(custid=112233, custname="John R", mobile="989-101-1011",
+ email="JohnR@gmail.com")
> mylist
$custid
[1] 112233
$custname
[1] "John R"
$mobile
[1] "989-101-1011"
$email
[1] "JohnR@gmail.com"
```

在上面的例子中，客户 ID 及其手机号是数值型变量，而客户名字及其电子邮箱地址是字符型变量。上面的列表中共有 4 个元素。如果要从列表中提取元素，则可使用双重中括号；如果只需从中提取子列表，则使用中括号即可，示例如下：

```
> mylist[[2]]
[1] "John R"
> mylist[2]
$custname
[1] "John R"
```

关于列表，接下来的操作是如何合并一个以上的列表。多个列表可以通过 cbind() 函数合并，即列合并函数，示例如下：

```
    > mylist1<-list(custid=112233, custname="John R",
mobile="989-101-1011",
    + email="JohnR@gmail.com")
    > mylist2<-list(custid=443322, custname="Frank S",
mobile="781-101-6211",
```

```
+ email="SFranks@hotmail.com")
> mylist<-cbind(mylist1,mylist2)
> mylist
         mylist1              mylist2
custid   112233               443322
custname "John R"             "Frank S"
mobile   "989-101-1011"       "781-101-6211"
email    "JohnR@gmail.com"    "SFranks@hotmail.com"
```

因子可定义为在分类或名义变量中以一定频率出现的水平。换句话说，在分类变量中重复出现的水平就被称为因子。在下面给出的样例脚本中，一个字符型向量"域"包含了很多个水平，使用 factor 命令可以估算每个水平的出现频率。

序列是重复的迭代个数，无论是数值、分类值还是名义值，都可以组成一个序列数据集。数值序列可利用一个冒号运算符生成。如果要用因子变量生成序列，可以使用 gl() 函数。在计算分位数和画图函数时，这个函数特别有用。gl() 函数也可应用于其他一些场景，示例如下：

```
> seq(from=1,to=5,length=4)
[1] 1.000000 2.333333 3.666667 5.000000
> seq(length=10,from=-2,by=.2)
 [1] -2.0 -1.8 -1.6 -1.4 -1.2 -1.0 -0.8 -0.6 -0.4 -0.2
> rep(15,10)
 [1] 15 15 15 15 15 15 15 15 15 15
> gl(2,5,labels=c('Buy','DontBuy'))
 [1] Buy     Buy     Buy     Buy     Buy     DontBuy DontBuy DontBuy DontBuy
[10] DontBuy
Levels: Buy DontBuy
```

代码的第一行生成升序的序列，第二行生成降序的序列，最后一行生成因子数据类型序列。

1.2.4 数据的导入与导出

如果设定了 Windows 目录路径，那么要导入一个文件到 R 系统，就并不需要输入文件所在的全路径。如果 Windows 目录路径设定的是系统的其他路径，而你仍然要读取那个文件，则需要给出文件所在的全路径：

```
> getwd()
[1] "C:/Users/Documents"
> setwd("C:/Users/Documents")
```

文档中的所有文件都可以不指定详细路径就能读取得到。所以建议读者将目录设定成文件所在目录。

文件格式有很多种，其中 CSV 或者 TXT 格式最适合 R 语言平台，示例如下。不过，我们也可以导入其他格式的文件。

```
> dt<-read.csv("E:/Datasets/hs0.csv")
> names(dt)
 [1] "X0"   "X70"   "X4"   "X1"   "X1.1"   "general" "X57"
 [8] "X52"  "X41"   "X47"  "X57.1"
```

如果使用的是 read.csv 命令，不需要将 header（表头）设置成 True，也不需要将 separator（分隔符）设置成 comma（逗号）。但如果使用的是 read.table 命令，那就必须这样设置，否则 R 会从表头开始读取数据。

```
> data<- read.table("E:/Datasets/hs0.csv",header=T,sep=",")
> names(data)
 [1] "X0"   "X70"   "X4"   "X1"   "X1.1"   "general" "X57"
 [8] "X52"  "X41"   "X47"  "X57.1"
```

在输入提取文件路径时，使用"/"或者"\\"都可以。在实际项目中，典型的数据是以 Excel 格式存储的。而如何从 Excel 表读取数据是一个挑战。如果先将数据存成 CSV 格式再导入 R 并不总是那么方便。下面的脚本将展示如何在 R 中导入 Excel 文件。我们需要调用两个外部的库来导入像 Excel 这样的关系数据库管理系统（RDBMS）文件。这两个库将在脚本中提及，其中还给出了一部分样例数据：

```
> library(xlsx)
Loading required package: rJava
Loading required package: xlsxjars
> library(xlsxjars)
> dat<-read.xlsx("E:/Datasets/hs0.xls","hs0")
> head(dat)
  gender  id race ses schtyp prgtype read write math science socst
1      0  70    4   1      1 general   57    52   41      47    57
2      1 121    4   2      1  vocati   68    59   53      63    61
3      0  86    4   3      1 general   44    33   54      58    31
4      0 141    4   3      1  vocati   63    44   47      53    56
5      0 172    4   2      1 academic  47    52   57      53    61
6      0 113    4   2      1 academic  44    52   51      63    61
```

导入 SPSS 文件的方法如下所示。传统企业级软件系统产生的数据要么是 SPSS 格式，要么是 SAS 格式。导入 SPSS 和 SAS 文件的语法需要额外的包或者库。导入 SPSS 文件需要使用 Hmisc 包，导入 SAS 文件则需要使用 sas7bdat 库：

```
> library(Hmisc)
> mydata <- spss.get("E:/Datasets/wage.sav", use.value.labels=TRUE)
> head(mydata)
   HRS  RATE ERSP ERNO NEIN ASSET  AGE  DEP RACE SCHOOL
1 2157 2.905 1121  291  380  7250 38.5 2.340 32.1  10.5
```

```
2 2174 2.970 1128   301   398  7744 39.3 2.335 31.2    10.5
3 2062 2.350 1214   326   185  3068 40.1 2.851   NA     8.9
4 2111 2.511 1203    49   117  1632 22.4 1.159 27.5    11.5
5 2134 2.791 1013   594   730 12710 57.7 1.229 32.5     8.8
6 2185 3.040 1135   287   382  7706 38.6 2.602 31.4    10.7
> library(sas7bdat)
> mydata <- read.sas7bdat("E:/Datasets/sales.sas7bdat")
> head(mydata)
  YEAR NET_SALES PROFIT
1 1990       900    123
2 1991       800    400
3 1992       700    300
4 1993       455     56
5 1994       799    299
6 1995       666    199
```

若要从 R 中导出一个数据集到任何一个外部地址，可以把 read 命令改成 write 命令，再把目录路径改为导出文件的路径。

1.3 数据类型转换

数据类型有很多种，比如数值型、因子型、字符型、逻辑型等。即使数据的格式没有预先处理得很好，用 R 把一种数据类型转换成另一种也并不困难。在改变变量类型之前，先查看现在的数据类型很关键，这可以用下面的命令实现：

```
> is.numeric(x1)
[1] TRUE
> is.character(x3)
[1] TRUE
> is.vector(x1)
[1] TRUE
> is.matrix(x)
[1] FALSE
> is.data.frame(x)
[1] TRUE
```

当检查一个数值变量是否为数值型时，输出结果会显示为 TRUE 或 FALSE。其他数据类型也是如此。如果任何数据类型不符合，可以通过以下代码进行转换：

```
> as.numeric(x1)
[1] 2.5 1.4 6.3 4.6 9.0
> as.vector(x2)
[1]  TRUE FALSE  TRUE FALSE FALSE
> as.matrix(x)
     x1    x2      x3           x4  x5
[1,] "2.5" " TRUE" "DataMining" "1" "1+ 0i"
[2,] "1.4" "FALSE" "Statistics" "2" "6+ 5i"
[3,] "6.3" " TRUE" "Analytics"  "3" "2+ 2i"
```

```
[4,] "4.6" "FALSE" "Projects"        "4" "4+ 1i"
[5,] "9.0" "FALSE" "MachineLearning" "5" "6+55i"
> as.data.frame(x)
   x1    x2              x3 x4    x5
1 2.5  TRUE      DataMining  1 1+ 0i
2 1.4 FALSE      Statistics  2 6+ 5i
3 6.3  TRUE       Analytics  3 2+ 2i
4 4.6 FALSE        Projects  4 4+ 1i
5 9.0 FALSE MachineLearning  5 6+55i
> as.character(x2)
[1] "TRUE"  "FALSE" "TRUE"  "FALSE" "FALSE"
```

在使用 as.character() 时，即使是一个逻辑向量，也会由逻辑型变成字符型。如果是一个数值变量，比如变量 x1，因为它已经是数值格式，所以不会被转换。一个逻辑向量也可以从逻辑型转换成因子型，见以下代码：

```
> as.factor(x2)
[1] TRUE  FALSE TRUE  FALSE FALSE
Levels: FALSE TRUE
```

1.4 排序与合并数据框

在做数据管理时，排序与合并是两个重要概念。它们的操作对象可以是单一向量或者是一个数据框，还可以是一个矩阵。R 语言中的 sort() 用于对向量进行排序。降序命令选项可用以改变排序的方向（升序或降序）。在处理像 ArtPiece.csv 这样的数据框时，用 order 命令对数据进行排序，可以设置多个变量是升序还是降序。如要执行降序，可以在一个变量名前加一个负号。下面利用一个数据集来阐释 R 语言中的排序概念，代码如下：

```
> # Sorting and Merging Data
> ArtPiece<-read.csv("ArtPiece.csv")
> names(ArtPiece)
 [1] "Cid"                       "Critic.Ratings"         
"Acq.Cost"
 [4] "Art.Category"              "Art.Piece.Size"         
"Border.of.art.piece"
 [7] "Art.Type"                  "Prominent.Color"        
"CurrentAuctionAveragePrice"
[10] "Brush"                     "Brush.Size"             
"Brush.Finesse"
[13] "Art.Nationality"           "Top.3.artists"          
"CollectorsAverageprice"
[16] "Min.Guarantee.Cost"
> attach(ArtPiece))
```

ArtPiece 数据集里有 16 个变量：10 个数值变量和 6 个分类变量。使用 names 命令可输出数据集中所有变量的名字。借助 attach 函数，当前 R 会话中的所有变量名都会保存下来，用户就不需要每次在输入变量名时在前面加上数据名：

```
> sort(Critic.Ratings)
 [1] 4.9921 5.0227 5.2106 5.2774 5.4586 5.5711 5.6300 5.7723 5.9789
5.9858 6.5078 6.5328
[13] 6.5393 6.5403 6.5617 6.5663 6.5805 6.5925 6.6536 6.8990 6.9367
7.1254 7.2132 7.2191
[25] 7.3291 7.3807 7.4722 7.5156 7.5419 7.6173 7.6304 7.6586 7.7694
7.8241 7.8434 7.9315
[37] 7.9576 8.0064 8.0080 8.0736 8.0949 8.1054 8.2944 8.4498 8.4872
8.6889 8.8958 8.9046
[49] 9.3593 9.8130
```

排序默认采用升序排列，如果想对向量进行降序排列，则需要在排序的变量名前加一个负号。如下所示，变量 Critic.Ratings 也可以以降序排列。要以降序排列，命令中的 decreasing 需要设置成 True：

```
> sort(Critic.Ratings, decreasing = T)
 [1] 9.8130 9.3593 8.9046 8.8958 8.6889 8.4872 8.4498 8.2944 8.1054
8.0949 8.0736 8.0080
[13] 8.0064 7.9576 7.9315 7.8434 7.8241 7.7694 7.6586 7.6304 7.6173
7.5419 7.5156 7.4722
[25] 7.3807 7.3291 7.2191 7.2132 7.1254 6.9367 6.8990 6.6536 6.5925
6.5805 6.5663 6.5617
[37] 6.5403 6.5393 6.5328 6.5078 5.9858 5.9789 5.7723 5.6300 5.5711
5.4586 5.2774 5.2106
[49] 5.0227 4.9921
```

除了对单个数值向量排序，大多数时候数据集需要按一些输入变量或数据框中的当前属性进行排序。对单个变量排序和对数据框排序有很大不同。下面的代码演示了如何使用 order 函数对数据框排序：

```
> i2<-ArtPiece[order(Critic.Ratings,Acq.Cost),1:5]
> head(i2)
   Cid Critic.Ratings Acq.Cost       Art.Category Art.Piece.Size
9    9         4.9921    39200            Vintage I  26in. X 18in.
50  50         5.0227    52500        Portrait Art I  26in. X 24in.
26  26         5.2106    31500          Dark Art II   1in. X 7in.
45  45         5.2774    79345            Gothic II   9in. X 29in.
21  21         5.4586    33600    Abstract Art Type II  29in. X 29in.
38  38         5.5711    35700   Abstract Art Type III   9in. X 12in.
```

如上面的代码所示，变量 Critic.Ratings 和 Acq. Cost 以升序排列，使用的是 order 命令而非 sort 命令。head 命令默认输出有序数据的前 6 条记录。order 命令中的第二个参数 1∶5 表明我们想要输出 ArtPiece 数据集前 6 条记录的前五个变量。如果需要输出前 10 条记录，可以执行 head(i2, 10)。这个数据集没有缺失值，但需要注意的是，实际数据中是存在缺失值（NA）的。而在有缺失值（NA）时，数据框的排序会变得比较棘手。假使将数据集中的任意 NA 值纳入考虑，order 命令会产生以下结果：

```
> i2<-ArtPiece[order(Border.of.art.piece, na.last = F),2:6]
> head(i2)
    Critic.Ratings Acq.Cost        Art.Category Art.Piece.Size
Border.of.art.piece
18          7.5156    34300             Vintage III   29in. X 6in.
43          6.8990    59500     Abstract Art Type II  23in. X 21in.
1           8.9046    49700     Abstract Art Type I   17in. X 27in.
Border 1
12          7.5419    37100            Silhoutte III   28in. X 9in.
Border 10
14          7.1254    54600              Vintage II    9in. X 12in.
Border 11
16          7.2132    23100              Dark Art I   10in. X 22in.
Border 11
```

NA.LAST 命令用于将缺失值（NA 值）从数据集中分离开来——它们会被放到数据集的末尾（如果 NA.LAST 是 TRUE），或是数据集的开头（如果 NA.FAST 是 FALSE）。在 order 函数中分离出 NA 值可以保证数据的完整性。

merge 函数用于合并两个数据框。要合并两个数据框，前提是它们至少有一列是同名的。两个数据框也可以通过列合并函数合并。为了显示列合并函数和 merge 函数的区别，我们以 audit.CSV 数据集作为例子。现有从 audit 数据集中抽取的两个小数据集 A 和 B：

```
> A<-audit[,c(1,2,3,7,9)]
> names(A)
[1] "ID"        "Age"        "Employment" "Income"    "Deductions"
> B<-audit[,c(1,3,4,5,6)]
> names(B)
[1] "ID"        "Employment" "Education"  "Marital"   "Occupation"
```

以 ID 和 Employment 这两列作为数据集 A 和 B 的公共列，可以以此作为合并两个数据框的主键。使用 merge 命令，共有列将在 merge 函数的输出数据集中出现一次。合并的数据框包含了两个数据框的所有行：

```
> head(merge(A,B),3)
       ID Employment Age   Income Deductions Education    Marital
Occupation
1 1004641    Private  38  81838.0          0   College  Unmarried
Service
2 1010229    Private  35  72099.0          0 Associate     Absent
Transport
3 1024587    Private  32 154676.7          0    HSgrad   Divorced
Clerical
```

merge 函数提供 4 种合并数据的方法：自然连接、全外部连接、左外部连接和右外部连接。除了这些连接外,两个数据框还可以基于任何指定的单列或多列进行合并。自然连接只保留两个数据框合并时匹配上的行,可用参数 all=F 设定:

```
> head(merge(A,B, all=F),3)
       ID Employment Age   Income Deductions Education Marital Occupation
1 1044221    Private  60  7568.23          0   College Married Executive
2 1047095    Private  74 33144.40          0    HSgrad Married Service
3 1047698    Private  43 43391.17          0  Bachelor Married Executive
```

全外部连接让我们可以保留两个数据框的所有行,这可用 all=T 命令指定。它执行全合并,并用 NA 值补全两个数据框中都没有匹配数据的列。merge 函数默认会除去两个数据框中所有不相匹配的记录。若要在新数据框中保留所有记录,则需要设定 all=T:

```
> head(merge(A,B, all=T),3)
       ID Employment Age   Income Deductions Education Marital Occupation
1 1004641    Private  38  81838.0          0      <NA>    <NA> <NA>
2 1010229    Private  35  72099.0          0      <NA>    <NA> <NA>
3 1024587    Private  32 154676.7          0      <NA>    <NA> <NA>
```

左外部连接将包含数据框 1(A) 的所有行和数据框 2(B) 中连接匹配上的行。若要完成左外部连接,则需要规定 all.x=T:

```
> head(merge(A,B, all.x = T),3)
       ID Employment Age   Income Deductions Education Marital Occupation
1 1004641    Private  38  81838.0          0      <NA>    <NA> <NA>
2 1010229    Private  35  72099.0          0      <NA>    <NA> <NA>
3 1024587    Private  32 154676.7          0      <NA>    <NA> <NA>
```

右外部连接将包含数据框 B 的所有行和数据框 A 中连接匹配上的行。若要完成右外部连接,则需要规定 all.y=T:

```
> head(merge(A,B, all.y = T),3)
       ID Employment Age   Income Deductions Education Marital Occupation
1 1044221    Private  60  7568.23          0   College Married Executive
2 1047095    Private  74 33144.40          0    HSgrad Married Service
```

```
    3 1047698      Private  43 43391.17          0   Bachelor Married
Executive
```

在数据框 A 和 B 中，有两个公共列，即 ID 和 Employment。使用 merge 函数时，如果选择按单个公共列合并，那么另一个公共列也会出现在输出数据框中。如果合并多个数据框，多重的列将不会出现在输出数据框中：

```
> head(merge(A,B,by="ID"),3)
       ID Age Employment.x  Income Deductions Employment.y Education
Marital Occupation
    1 1044221  60     Private  7568.23          0      Private   College
Married Executive
    2 1047095  74     Private 33144.40          0      Private    HSgrad
Married   Service
    3 1047698  43     Private 43391.17          0      Private  Bachelor
Married Executive
> head(merge(A,B,by=c("ID","Employment")),3)
       ID Employment Age   Income Deductions Education Marital
Occupation
    1 1044221    Private  60  7568.23          0   College Married
Executive
    2 1047095    Private  74 33144.40          0    HSgrad Married
Service
    3 1047698    Private  43 43391.17          0  Bachelor Married
Executive
```

在两个数据框至少有一个共同列时，merge 函数是有用的。如果两个数据框都包含不重叠的列或者两个数据框没有共同列，可使用 column bind 函数合并两个数据框。column bind 函数输出数据框 A 和数据框 B 中的所有列且将其并排排列。

```
> A<-audit[,c(2,7,9)]
> names(A)
[1] "Age"         "Income"        "Deductions"
> B<-audit[,c(4,5,6)]
> names(B)
[1] "Education"   "Marital"       "Occupation"
> head(cbind(A,B),3)
  Age   Income Deductions Education   Marital Occupation
1  38  81838.0          0   College Unmarried    Service
2  35  72099.0          0 Associate    Absent  Transport
3  32 154676.7          0    HSgrad  Divorced   Clerical
```

1.5 索引或切分数据框

在处理一个有着大量观测记录的客户数据集时，需要根据一些筛选规则和有无放回取样来切分数据集。索引是根据一些逻辑条件从数据框中提取数据子集的过程。subset 函数的功能与索引一样，可用于从数据框中提取元素。

```
> newdata <- audit[ which(audit$Gender=="Female" & audit$Age > 65), ]
> rownames(newdata)
 [1] "49"   "537"  "552"  "561"  "586"  "590"  "899"  "1200" "1598"
"1719"
```

上述代码的意思是：从 audit 数据集中选取那些性别为女且年龄超过 65 岁的观测记录。应该用哪个命令来提取基于这两条规则的 audit 数据子集呢？本例中有 10 条观测记录满足前面的条件，上面的代码中输出了数据框的行号。类似的结果也可以使用 subset 函数获得。这里不使用 which 函数，而应使用 subset 函数，因为后者在传递多个条件参数时效率更高。让我们看看 subset 函数的使用方法：

```
> newdata <- subset(audit, Gender=="Female" & Age > 65,
select=Employment:Income)
> rownames(newdata)
 [1] "49"   "537"  "552"  "561"  "586"  "590"  "899"  "1200" "1598"
"1719"
```

subset 函数中的附加参数使这个函数更为高效，因为它提供了仅从数据框中选取满足逻辑条件的特定列这个附加益处。

1.6 日期与时间格式化

日期函数返回的是一个 Date 类，表示自 1970 年 1 月 1 日以来的天数。as.numeric() 函数可用于创建一个值为自 1/1/1970 以来的天数的数值型变量。as.Date() 的返回值是一个 Date 类的对象：

```
> Sys.time()
[1] "2015-11-10 00:43:22 IST"
> dt<-as.Date(Sys.time())
> class(dt)
[1] "Date"
```

系统时间函数提取了日期和时区时间。当用 as.Date 函数转换系统时间并将其存储为 R 中的一个新对象时，我们发现那个对象的类是 Date。weekdays 函数返回星期名，如"星期一"或者"星期三"。months 函数返回日期变量中的月名。quarters 函数返回日期对象的季名。年份值也可利用 substr() 命令提取。示例如下：

```
> weekdays(as.Date(Sys.time()))
[1] "Monday"
> months(as.Date(Sys.time()))
[1] "November"
> quarters(as.Date(Sys.time()))
```

```
[1] "Q4"
> substr(as.POSIXct(as.Date(Sys.time())),1,4)
[1] "2015"
```

如果数据集中给出的日期变量的格式不适用于进一步计算，可以用 format 函数将其格式化：

```
> format(Sys.time(),format = "%m %d %y")
[1] "11 10 15"
```

下表所示的多种选项均可基于用户需求传递给格式参数。

选 项	功 能
#%d	表示日期的数字 (0 ~ 31)01 ~ 31
#%a	表示工作日的缩写，例如 Mon
#%	表示未缩写的工作日，例如 Monday
#%m	月份（00 ~ 12）
#%b	缩写的月份
#%B	未缩写的月份，例如 January
#%y	二位数的年份，例如 13
#%Y	四位数的年份，例如 2013

实际数据集包含的时间数据域有零售中的交易日期、健康服务中的访问日期和 BFSI 中的处理日期，还有包含至少一个时间元素的时间序列数据。要将日期变量纳入任何统计模型，都需要进行数据转换，比如在零售业场景中计算顾客的历史记录。数据转换可以使用上文提及的选项完成。

1.7 创建新函数

R 语言中有两种不同类型的函数：用户自定义函数和内置函数。

1.7.1 用户自定义函数

用户自定义函数为用户编写执行计算的函数提供了定制和灵活性功能。其大致的写法如下：

```
newFunc <- function(x){define function}
> int<-seq(1:20)
> int
 [1]  1  2  3  4  5  6  7  8  9 10 11 12 13 14 15 16 17 18 19 20
> myfunc<-function(x){x*x}
> myfunc(int)
```

```
           [1]   1   4   9  16  25  36  49  64  81 100 121 144 169 196 225 256
289 324
           361 400
```

在上面的脚本中，我们创建了一个 1 ~ 20 的小序列和一个用于计算每个整数的平方值的用户自定义函数。使用这个新函数，我们可以计算任何数的平方值。由此用户可以声明和创建自己定制的函数。

1.7.2 内置函数

内置函数，如平均值、中位数、标准差等，为用户提供了使用 R 进行简单统计计算的功能。内置函数有很多，下表展示了一少部分重要的内置函数。

函　　数	描　　述
abs(x)	绝对值
sqrt(x)	平方根
ceiling(x)	向上舍入该数字
floor(x)	向下舍入该数字
trunc(x)	trunc(5.99) 是 5
round(x, digits=n)	round(3.475, digits=2) 是 3.48
signif(x, digits=n)	signif(3.475, digits=2) 是 3.5
cos(x)、sin(x)、tan(x)	也有 acos(x)、cosh(x)、acosh(x) 等
log(x)	自然对数
log10(x)	常用对数
exp(x)	e^x

1.8　循环原理——for 循环

for 循环是 R 语言中最常用的循环结构。使用一个 for 循环，相似的任务可以被循环执行数次。我们来看一个应用了循环原理的样例。下面的代码创建了一个 10 ~ 25 的数列。空向量 *y* 的作用类似于一个存储单元。如果没有满足下面代码中的条件，循环就不会执行：

```
x<-100:200
y <- NULL # NULL vector as placeholder
for(i in seq(along=x)) {
   if(x[i] < 150) {
   y <- c(y, x[i] - 50)
   } else {
   y <- c(y, x[i] + 50)
   }
   }
print(y)
```

1.9 循环原理——repeat 循环

repeat 循环用于对一个向量或数据框重复地进行某种计算。通常没有设定检查退出循环的条件，而是使用 break 语句退出循环。如果没有在 repeat 循环中设定 break 条件，repeat 循环会无休止地运行下去。我们来看看下面的代码如何实现 repeat 循环，其中使用的 break 条件是 x>2.6：

```
x <- 100
repeat {
  print(x)
  x = sqrt(x)+10
  if (x > 2.6){
    break
  }
}
```

1.10 循环原理——while 循环

R 语言中的 while 循环很简单，它开始于一个用户预想的试验结果。当开始条件进入后，循环体会开始循环，然后一直运行下去直到满足条件。一个 while 循环体的框架结构包括一个用于起点的限制条件，示例如下：

```
x <- 10
while (x < 60) {
  print(x)
  x = x+10
}
```

如果比较 R 语言中不同类型的循环，就会发现 for 循环和 while 循环常被使用，repeat 循环则因运行耗时而不常被使用。如果比较循环与 apply 函数族，就会发现后者在 R 语言中处理不同任务时都非常高效。让我们来看看 apply 函数族。

1.11 apply 原理

apply 函数以一个数组、一个矩阵或一个数据框作为输入，返回一个数组格式的结果。计算或运算由用户的自定义函数或内置函数定义。margin 参数用于指定函数要作用于哪条边以及要保留哪条边。如果使用的数组是一个矩阵，那么可以指定 margin 是 1（将函数应用于行）或 2（将函数应用于列）。函数可以是任意用户自定义函数或内置函数，比如 mean、median、standard deviation、variance 等。这里我们将用 Artpiece 数据集来执行这个任务：

```
> apply(ArtPiece[,2:3],2,mean)
Critic.Ratings       Acq.Cost
      7.200416    44440.900000
> apply(ArtPiece[,2:3],1,mean)
 [1] 24854.45 26604.68 17153.69 14353.28 14003.47 19604.05 14703.27
15753.29 19602.50
 [10] 26954.24 19254.00 18553.77 18903.97 27303.56 24153.74 11553.61
23804.04 17153.76
 [19] 19953.30 24854.22 16802.73 20303.33 14354.91 26952.99 24503.28
15752.61 28004.45
 [28] 30803.81 29403.27 19604.00 29053.88 17152.81 33253.91 24502.89
37453.92 12604.15
 [37] 21353.82 17852.79 28703.83 29753.25 23453.27 18204.34 29753.45
27654.05 39675.14
 [46] 24853.61 16102.99 13653.98 14353.66 26252.51
```

lapply 函数在处理数据框（应用任何函数）时很有用。在 R 语言中，数据框被当作一个列表，数据框中的变量就是列表中的元素。因此，我们可以利用 lapply 将一个函数应用到一个数据框中的所有变量上，示例如下：

```
> lapply(ArtPiece[,2:3],mean)
$Critic.Ratings
[1] 7.200416
$Acq.Cost
[1] 44440.9
```

sapply 函数适用于一个列表中的元素，返回的结果是一个向量、矩阵或者列表。当参数是 simplify=F 时，sapply 函数会像 lapply 函数那样返回一个列表；反之，当参数是 simplify=T，即默认参数时，sapply 会以简化的格式返回结果：

```
> sapply(ArtPiece[,2:3],mean)
Critic.Ratings       Acq.Cost
      7.200416    44440.900000
```

有时我们想将一个函数应用到一个向量的子集，这些子集通常由其他向量定义（通常是一个因子）。tapply 函数输出的是一个矩阵 / 数组，矩阵 / 数组中的每个元素是向量的 g 分组上 f 的值，g 分组作用于行 / 列名上：

```
> head(tapply(Critic.Ratings,Acq.Cost,summary),3)
$`23100`
   Min. 1st Qu.  Median    Mean 3rd Qu.    Max.
  7.213   7.213   7.213   7.213   7.213   7.213
$`25200`
   Min. 1st Qu.  Median    Mean 3rd Qu.    Max.
  8.294   8.294   8.294   8.294   8.294   8.294
```

```
$`27300`
     Min. 1st Qu.  Median    Mean 3rd Qu.    Max.
    7.958   7.958   7.958   7.958   7.958   7.958
```

apply 函数族还包含其他一些函数,例如:

- eapply:将一个函数应用于一个环境中的变量。
- mapply:将一个函数应用于多个列表或多个向量参数。
- sapply:递归地将一个函数应用于一个列表。

1.12　字符串操作

字符串操作或字符操作是所有数据管理系统中的一个重要方面。比如在一个典型的实际数据集里,客户的名字会有多种写法,如 J H Smith、John h Smith、John h smith 等。据验证,这三个名字表示的是同一个人。在典型的数据管理里,标准化数据集中的文本列或变量很重要,由于 R 语言是区分大小写的,任何差异都会被当作一个新的数据点。还有很多其他变量,比如一辆汽车的名字／模型、产品描述等。我们来看看如何应用一些函数来标准化文本:

```
> x<-"data Mining is not a difficult subject, anyone can master the subject"
> class(x)
[1] "character"
> substr(x, 1, 12)
[1] "data Mining "
```

以上代码中的 X 对象是一个字符串或字符型对象。substr 命令用于从字符串中根据函数指定的位置取出子字符串。如果某模式或文本需要修改或更改,可以使用 sub 命令。有 4 个重要的参数需要用户传递:需要模式搜索的字符串、模式、需要被替代待修改的模式以及是否区分大小写。我们来看一个样例脚本:

```
> sub("data mining", "The Data Mining", x, ignore.case =T, fixed=FALSE)
[1] "The Data Mining is not a difficult subject, anyone can master the subject"
> strsplit(x, "")
[[1]]
 [1] "d" "a" "t" "a" " " "M" "i" "n" "i" "n" "g" " " "i" "s" " " "n" "o" "t" " " "a" " "
[22] "d" "i" "f" "f" "i" "c" "u" "l" "t" " " "s" "u" "b" "j" "e" "c" "t" "," " " " " "a" "n"
[43] "y" "o" "n" "e" " " "c" "a" "n" " " "m" "a" "s" "t" "e" "r" " " "t" "h" "e" " " "s"
[64] "u" "b" "j" "e" "c" "t"
```

strsplit 函数有助于将字符串中的字母扩展开来。sub 命令用于修改字符串中不正确的模式。ignore.Case 选项可供用户在对字符串进行模式搜索时开启或关闭大小写区分。

1.13 缺失值（NA）的处理

缺失值处理在标准数据挖掘场景中是一个重要的任务。在 R 语言中，缺失值显示为 NA。NA 既不是字符串也不是数值型变量，它们被当作缺失值的标识。在将数据集导入 R 语言平台之后，必须检查所有变量，看是否存在缺失值——可使用 is.na() 函数。示例如下：

```
> x<-c(12,13,14,21,23,24,NA,25,NA,0,NA)
> is.na(x)
 [1] FALSE FALSE FALSE FALSE FALSE FALSE  TRUE FALSE  TRUE FALSE  TRUE
> mean(x,na.rm=TRUE)
[1] 16.5
> mean(x)
[1] NA
```

在上面的代码中，对象 x 是一个数值型向量，其中包含了一些 NA 值。is.na() 可用于验证是否存在缺失值，如存在，则输出结果为 TRUE。如果在存在 NA 值的情况下做计算，最终会出错或者无结果。我们可以通过修改 NA 值来替换数据集，或者可以在执行计算时移除那些 NA 值。如上面的代码所示，在计算对象 x 的平均值时通过 na.rm=TRUE 移除 NA 值。

可以使用 na.omit() 删除数据集中的缺失值。即使数据集只缺失了一个变量，它也会删除那一整行。缺失值的处理方法有很多种：

- **平均值替换**：对于数据向量中的缺失值，可以用该向量的平均值或中位数替代（不包括 NA 值）。
- **局部平均法**：取缺失值的局部平均值，通过 3 或 5 个周期移动取平均，即取 3 个周期的缺失数据的平均值作为先验值，根据后验值可确定缺失值应该是多少。
- **分隔保留**：有时替换法无法完成，客户也许会有意将缺失值分隔保留下来，从而隔离地考虑缺失行为。
- **基于模型**：有一些基于模型的缺失值替换法，例如基于回归模型预测缺失值的方法。
- **聚类法**：可使用和回归预测相类似的方法来替换缺失值，可以采用 K 均值聚类法替换数据集中的缺失值。

小结

通过之前的讨论可以得出这样的结论：数据处理和数据管理是很多实际数据挖掘项目执行中的重要一环。由于 R 语言提供了较好的统计编程平台和可视化，因此用 R 语言来向读者解释很多数据挖掘原理也是很有意义的。本章介绍了初步的数据挖掘和 R 语言原理、编程基础、R 数据类型等，还介绍了使用 R 语言导入和导出多种格式的外部文件的方法，以及缺失值的处理方法。

下一章将深入介绍如何使用 R 语言进行数据探索以及如何理解一元、二元和多元数据集。读者应先了解原理，然后理解实际阐释，再通过 R 实现掌握与探索性数据分析相关的内容。

第 2 章

汽车数据的探索性分析

探索性数据分析是数据挖掘中不可或缺的一环。它包括数据集中变量的数值描述和图形化表示，这将使数据集变得易于理解并有助于用户快速得出结论。对数据集有一个初步的理解很重要，比如该选择什么样的变量进行分析、不同变量之间的关联等。创建交叉二维表有助于理解分类变量之间的关系，并对数据集实施经典统计检验来验证对可测试数据的种种假设。

通过本章的学习，读者应了解以下知识点：

❏ 如何使用基本统计获悉单个和多个变量的属性。
❏ 如何计算两个或多个变量之间的相关性和关联性。
❏ 执行多元数据分析。
❏ 任意数据集的各种概率函数的统计特性。
❏ 对数据进行统计检验，从而做出假设。
❏ 对比两个或多个样本。

2.1 一元分析

要实现一个数据集的一元统计，我们需要按照两类方法进行：一种是针对连续型变量的方法；另一种是针对离散或分类变量的方法。对连续型变量的一元统计包括数值测度，例如平均数（平均值）、方差、标准差、分位数、中位数等。平均值代表数据集中的每一个点，方差表示单个数据点与平均值（即分布中心）之间的波动/偏离。分位数也称作百分位数，即将分布切分为 100 等分。第 10 个百分位数等同于第一个十分位数，第 25 个百分位数等同于第 1 个四分位数，第 75 个百分位数等同于第 3 个四分位数。

此外还有集中趋势测度，用以理解一个数据集的一元特性。中位数和众数描述的是位置，但仍可以用众数来检查一个连续型变量是否是一个双峰值序列。若是双峰值序列，计算分布中心会很困难。计算有序数据或等级数据的平均值时，将其表示出来是个好主意，建议用中位数或者众数来表示一元统计结果。通过比较平均值、中位数、众数与偏度、峰度以及标准差，将得到一个关于数据分布形状的清晰描绘。所有这些关于集中趋势测度和离中趋势测量都可以通过单行命令算得，也可以用如下多行独立的代码。

> 这里，我们将用到 diamonds.csv 和 Cars93.csv 两个数据集。它们都是 R 中的内置库，作演示之用。

让我们在 R 中加入几行代码，以便更好地了解这两个数据集：

```
> names(Cars93)
 [1] "Manufacturer"      "Model"           "Type"            "Min.Price"
 [5] "Price"             "Max.Price"       "MPG.city"        "MPG.highway"
 [9] "AirBags"           "DriveTrain"      "Cylinders"       "EngineSize"
[13] "Horsepower"        "RPM"             "Rev.per.mile"    "Man.trans.avail"
[17] "Fuel.tank.capacity" "Passengers"     "Length"          "Wheelbase"
[21] "Width"             "Turn.circle"     "Rear.seat.room"  "Luggage.room"
[25] "Weight"            "Origin"          "Make"
```

Cars93.csv 数据集包含之前提到的变量名，它有 27 个变量和 93 条观测记录。变量类型可用 str() 函数输出：

```
> str(Cars93)
'data.frame': 93 obs. of 27 variables:
$ Manufacturer : Factor w/ 32 levels "Acura","Audi",..: 1 1 2 2 3 4 4 4 4 5 ...
$ Model : Factor w/ 93 levels "100","190E","240",..: 49 56 9 1 6 24 54 74 73 35 ...
$ Type : Factor w/ 6 levels "Compact","Large",..: 4 3 1 3 3 3 2 2 3 2 ...
$ Min.Price : num 12.9 29.2 25.9 30.8 23.7 14.2 19.9 22.6 26.3 33 ...
$ Price : num 15.9 33.9 29.1 37.7 30 15.7 20.8 23.7 26.3 34.7 ...
$ Max.Price : num 18.8 38.7 32.3 44.6 36.2 17.3 21.7 24.9 26.3 36.3 ...
$ MPG.city : int 25 18 20 19 22 22 19 16 19 16 ...
$ MPG.highway : int 31 25 26 26 30 31 28 25 27 25 ...
$ AirBags : Factor w/ 3 levels "Driver & Passenger",..: 3 1 2 1 2 2 2 2 2 2 ...
```

```
 $ DriveTrain       : Factor w/ 3 levels "4WD","Front",..: 2 2 2 3 2 2 3 2 2 ...
 $ Cylinders        : Factor w/ 6 levels "3","4","5","6",..: 2 4 4 4 2 2 4 4 4 5
...
 $ EngineSize       : num 1.8 3.2 2.8 2.8 3.5 2.2 3.8 5.7 3.8 4.9 ...
 $ Horsepower       : int 140 200 172 172 208 110 170 180 170 200 ...
 $ RPM              : int 6300 5500 5500 5500 5700 5200 4800 4000 4800 4100 ...
 $ Rev.per.mile     : int 2890 2335 2280 2535 2545 2565 1570 1320 1690 1510 ...
 $ Man.trans.avail  : Factor w/ 2 levels "No","Yes": 2 2 2 2 2 1 1 1 1 1 ...
 $ Fuel.tank.capacity: num 13.2 18 16.9 21.1 21.1 16.4 18 23 18.8 18 ...
 $ Passengers       : int 5 5 5 6 4 6 6 6 5 6 ...
 $ Length           : int 177 195 180 193 186 189 200 216 198 206 ...
 $ Wheelbase        : int 102 115 102 106 109 105 111 116 108 114 ...
 $ Width            : int 68 71 67 70 69 69 74 78 73 73 ...
 $ Turn.circle      : int 37 38 37 37 39 41 42 45 41 43 ...
 $ Rear.seat.room   : num 26.5 30 28 31 27 28 30.5 30.5 26.5 35 ...
 $ Luggage.room     : int 11 15 14 17 13 16 17 21 14 18 ...
 $ Weight           : int 2705 3560 3375 3405 3640 2880 3470 4105 3495 3620 ...
 $ Origin           : Factor w/ 2 levels "USA","non-USA": 2 2 2 2 2 1 1 1 1 1 ...
 $ Make             : Factor w/ 93 levels "Acura Integra",..: 1 2 4 3 5 6 7 9 8 10 ...
```

一些连续型变量（Price、MPG.city 和 MPG.highway）和离散型变量（Type、AirBags 和 Man.trans.avail）的一元统计计算在这里显示。你可以练习余下的变量，以便全面了解这个数据集。

mean() 函数用于计算算数平均值，median() 函数用于计算中位数，range() 函数用于计算由 min() 和 max() 组成的向量。var() 函数用于计算样本方差，cor() 函数用于计算两个向量之间的相关性。rank() 函数用于计算得到一个由向量中值的排位组成的向量。quantile() 函数用于算得一个向量，该向量包括原向量的最小值、下四分位数、中位数、上四分位数及其最大值。

对单变量使用 summary() 函数的代码如下：

```
> summary(Cars93$Price)
 Min. 1st Qu. Median  Mean 3rd Qu.   Max.
 7.40   12.20  17.70 19.51   23.30  61.90
> summary(Cars93$MPG.city)
 Min. 1st Qu. Median  Mean 3rd Qu.   Max.
15.00   18.00  21.00 22.37   25.00  46.00
> summary(Cars93$MPG.highway)
 Min. 1st Qu. Median  Mean 3rd Qu.   Max.
20.00   26.00  28.00 29.09   31.00  50.00
> summary(Cars93$Type)
Compact  Large Midsize Small Sporty Van
     16     11      22    21     14   9
> summary(Cars93$AirBags)
Driver & Passenger Driver only None
                16          43   34
> summary(Cars93$Man.trans.avail)
No Yes
32  61
```

现在我们来看在数据框上使用 summary 函数所得到的输出结果。如果是一个连续型变量，计算的是集中趋势测度；如果是一个分类变量，则计算的是分类频数。代码如下：

```
> summary(Cars93)
 Manufacturer      Model          Type     Min.Price     
 Chevrolet: 8   100    : 1   Compact:16   Min.   : 6.70  
 Ford     : 8   190E   : 1   Large  :11   1st Qu.:10.80  
 Dodge    : 6   240    : 1   Midsize:22   Median :14.70  
 Mazda    : 5   300E   : 1   Small  :21   Mean   :17.13  
 Pontiac  : 5   323    : 1   Sporty :14   3rd Qu.:20.30  
 Buick    : 4   535i   : 1   Van    : 9   Max.   :45.40  
 (Other)  :57   (Other):87                               
     Price         Max.Price        MPG.city      MPG.highway   
 Min.   : 7.40   Min.   : 7.9   Min.   :15.00   Min.   :20.00  
 1st Qu.:12.20   1st Qu.:14.7   1st Qu.:18.00   1st Qu.:26.00  
 Median :17.70   Median :19.6   Median :21.00   Median :28.00  
 Mean   :19.51   Mean   :21.9   Mean   :22.37   Mean   :29.09  
 3rd Qu.:23.30   3rd Qu.:25.3   3rd Qu.:25.00   3rd Qu.:31.00  
 Max.   :61.90   Max.   :80.0   Max.   :46.00   Max.   :50.00  
                
             AirBags    DriveTrain    Cylinders    EngineSize   
 Driver & Passenger:16   4WD  :10   3     : 3    Min.   :1.000  
 Driver only       :43   Front:67   4     :49    1st Qu.:1.800  
 None              :34   Rear :16   5     : 2    Median :2.400  
                                    6     :31    Mean   :2.668  
                                    8     : 7    3rd Qu.:3.300  
                                    rotary: 1    Max.   :5.700  
   Horsepower         RPM        Rev.per.mile   Man.trans.avail
 Min.   : 55.0   Min.   :3800   Min.   :1320   No :32         
 1st Qu.:103.0   1st Qu.:4800   1st Qu.:1985   Yes:61         
 Median :140.0   Median :5200   Median :2340                  
 Mean   :143.8   Mean   :5281   Mean   :2332                  
 3rd Qu.:170.0   3rd Qu.:5750   3rd Qu.:2565                  
 Max.   :300.0   Max.   :6500   Max.   :3755                  
 Fuel.tank.capacity   Passengers        Length        Wheelbase    
 Min.   : 9.20      Min.   :2.000   Min.   :141.0   Min.   : 90.0  
 1st Qu.:14.50      1st Qu.:4.000   1st Qu.:174.0   1st Qu.: 98.0  
 Median :16.40      Median :5.000   Median :183.0   Median :103.0  
 Mean   :16.66      Mean   :5.086   Mean   :183.2   Mean   :103.9  
 3rd Qu.:18.80      3rd Qu.:6.000   3rd Qu.:192.0   3rd Qu.:110.0  
 Max.   :27.00      Max.   :8.000   Max.   :219.0   Max.   :119.0  
     Width        Turn.circle    Rear.seat.room   Luggage.room   
 Min.   :60.00   Min.   :32.00   Min.   :19.00   Min.   : 6.00  
 1st Qu.:67.00   1st Qu.:37.00   1st Qu.:26.00   1st Qu.:12.00  
 Median :69.00   Median :39.00   Median :27.50   Median :14.00  
 Mean   :69.38   Mean   :38.96   Mean   :27.83   Mean   :13.89  
 3rd Qu.:72.00   3rd Qu.:41.00   3rd Qu.:30.00   3rd Qu.:15.00  
 Max.   :78.00   Max.   :45.00   Max.   :36.00   Max.   :22.00  
                                 NA's   : 2      NA's   :11     
     Weight         Origin              Make   
 Min.   :1695   USA    :48   Acura Integra: 1  
 1st Qu.:2620   non-USA:45   Acura Legend : 1  
 Median :3040                Audi 100     : 1  
```

```
Mean   :3073   Audi 90       : 1
3rd Qu.:3525   BMW 535i      : 1
Max.   :4105   Buick Century : 1
               (Other)       :87
```

对于 RPM、horsepower 等的连续型变量，summary 命令输出的是最小值、第 1 个四分位数、平均值、中位数、第 3 个四分位数和最大值。单变量统计分类变量，如 car type、airbags、manual transmission availability 等，输出的是频数表。频数最高的类被称作众数类。

有 fivenum() 和 describe() 函数也可产生类似的概括统计，它们比 summary 函数提供了更多的输出信息：

```
> fivenum(Cars93$Price)
[1]  7.4 12.2 17.7 23.3 61.9
> fivenum(Cars93$MPG.city)
[1] 15 18 21 25 46
> fivenum(Cars93$MPG.highway)
[1] 20 26 28 31 50
```

Hmisc 库中的 describe() 函数可用于加深对数据描述的了解：

```
> library(Hmisc)
> describe(Cars93)
Cars93
27 Variables   93 Observations
Price
n missing  unique  Info  Mean    .05   .10    .25    .50    .75    .90
93    0       81    1   19.51  8.52  9.84  12.20  17.70  23.30  33.62
   .95
 36.74
lowest :  7.4  8.0  8.3  8.4  8.6, highest: 37.7 38.0 40.1 47.9 61.9
MPG.city
n missing  unique  Info  Mean    .05   .10    .25    .50    .75    .90
93    0       21  0.99  22.37  16.6  17.0   18.0   21.0   25.0   29.0
   .95
 31.4
lowest : 15 16 17 18 19, highest: 32 33 39 42 46
------------------------------------------------------------------------
----------------
MPG.highway
n missing  unique  Info  Mean    .05   .10    .25    .50    .75    .90
93    0       22  0.99  29.09  22.0  23.2   26.0   28.0   31.0   36.0
   .95
 37.4
lowest : 20 21 22 23 24, highest: 38 41 43 46 50
------------------------------------------------------------------------
----------------
AirBags
n missing unique
93    0       3
```

```
Driver & Passenger (16, 17%), Driver only (43, 46%)
None (34, 37%)
-------------------------------------------------------------------------------
Man.trans.avail
n missing unique
93 0 2
No (32, 34%), Yes (61, 66%)
```

apply() 函数也可用于进行一元概括统计。一元统计描绘了分布的形状：

```
> n_cars93<-Cars93[,c(5,7,8)]
> c_cars93<-Cars93[,c(3,9,16)]
> apply(n_cars93,2,mean)
Price MPG.city MPG.highway
19.50968 22.36559 29.08602
```

为了理解一个变量分布的形状，我们可以利用偏度和盒状图，也可以在库（e1071）中调用 skewness 函数：

```
> library(e1071)
> apply(n_cars93,2,skewness)
Price MPG.city MPG.highway
1.483982 1.649843 1.190507
```

我们可以创建自定义函数，再结合 apply() 函数来测量偏度：

```
> skewness<-function(x){
+ m3<-sum((x-mean(x))^3)/length(x)
+ s3<-sqrt(var(x))^3
+ m3/s3 }
> apply(n_cars93,2,skewness)
Price MPG.city MPG.highway
1.483982 1.649843 1.190507
```

偏度是就对称分布的一种测度，其值体现了一个分布是正偏斜还是负偏斜。若偏度值为 0 或接近 0，则表明分布是对称的，且平均值、中位数和众数完全相等；若偏度值小于 0，则表明平均值小于众数，因为正态分布的极端值都偏向了负数；若偏度值大于 0，则表明平均值大于众数，因为正态分布的极端值集中在右边部分。因为离群点的识别与移除都非常重要，所以测量偏度将对此有益，但这不是鉴别离群点的唯一方法。其他方法还有盒状图以及自定义的异常监测公式。如果观察之前那三个变量，可以发现 price、MPG.city 和 MPG.highway 的偏度都大于 0，这表示离群点可能在价格正态分布曲线的正数侧。为了验证离群点的存在，我们可以画出盒状图并输出离群点。

2.2 二元分析

二元分析是指研究两个变量之间的关系或关联。有三种可能的方向：
- 数值–数值的关系
- 数值–分类的关系
- 分类–分类的关系

假设要判断两个数值变量之间的二元关系。若两个变量恰好都是连续型，则通常使用散点图；如果一个变量是分类型，另一个是连续型，则使用条形图：

```
> library(ggplot2)
> library(gridExtra)
> ggplot(Cars93,
  aes(Cars93$Price,Cars93$MPG.city))+geom_point(aes(colour=(Cars93$Type)))+ge
  om_smooth()
```

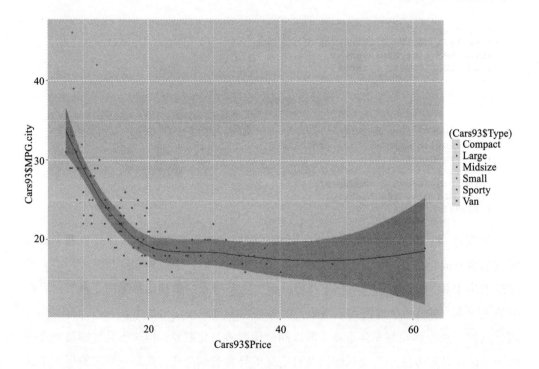

类似的，价格（price）和高速路英里数（highway mileage）之间的关系也可用散点图表示：

```
> library(ggplot2)
> library(gridExtra)
> ggplot(Cars93,
aes(Cars93$Price,Cars93$MPG.highway))+geom_point(aes(colour=(Cars93$Type)))
+geom_smooth()
```

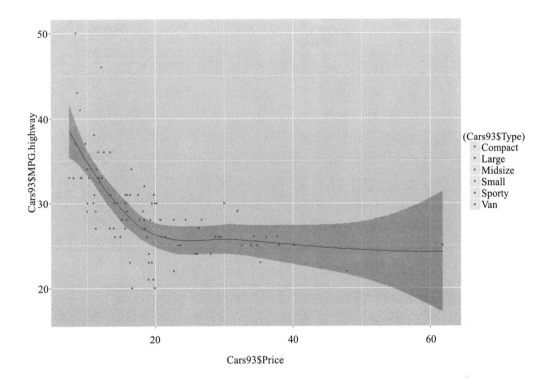

数值-分类和分类-分类关系的分析会在第 3 章可视化 diamond 数据集中予以详细解释。

2.3 多元分析

多元分析是指以统计方法观察多个因变量和自变量以及它们之间的关系。本节将简述两个以上变量之间的多元关系，多元分析的细节将于后续章节中详细讨论。多变量之间的多元关系可利用相关性方法或交叉表得知：

```
> pairs(n_cars93,main="Correlation Plot", col="blue")
```

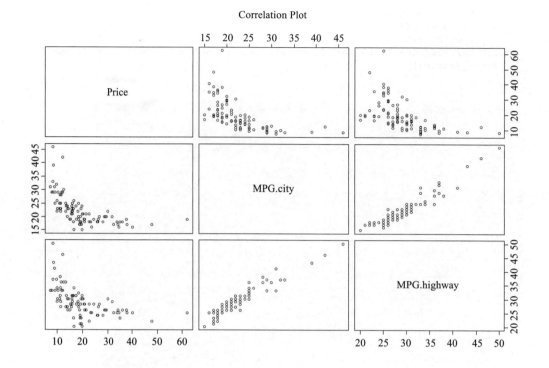

2.4 解读分布和变换

为了对所有统计假设检验的前提假设有清晰的认识,理解概率分布至关重要。例如,在线性回归分析中,基本的前提假设是误差分布呈正态分布且变量关系为线性。所以在建立模型之前,观察分布的形状并采取可能的校正变换是很重要的,如此才能便于对这些变量使用更深入的统计技术。

2.4.1 正态分布

正态分布原理基于**中心极限定理**(CLT),表示从一个均值为 μ、方差为 $\sigma2$ 的总量中抽取的所有大小为 n 的样本,在 n 增长趋于无穷时,其分布都近似于一个均值为 μ、方差为 $\sigma2$ 的正态分布。检查变量的正态性对于移除离群点很重要,因为这样才会使得预测过程不会受影响。离群点的存在不仅会使预测值偏离,也会影响预测模型的稳定性。接下来的示例代码和图将演示如何图像化地检测并解释正态性。

为了检测出正态分布,我们可以使用其中一些变量的平均值、中位数和众数:

```
> mean(Cars93$Price)
[1] 19.50968
> median(Cars93$Price)
[1] 17.7
> sd(Cars93$Price)
[1] 9.65943
> var(Cars93$Price)
[1] 93.30458
> skewness(Cars93$Price)
[1] 1.483982
ggplot(data=Cars93, aes(Cars93$Price)) + geom_density(fill="blue")
```

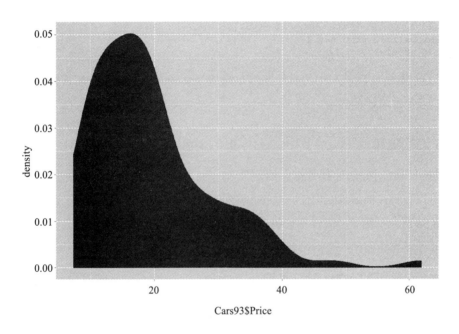

从上图可以得出这样的结论，price 变量是正偏斜的，因为一些离群点在分布的右边。price 的平均值被夸大且大于众数，因为平均值受到极端值波动的影响。

现在我们尝试理解一个可用正态分布解答假设的案例。

假设变量 MPG.highway（高速路上每加仑油耗可行驶的英里数）呈均值为 29.08 和标准差为 5.33 的正态分布，一辆新车每加仑油耗可行驶 35 英里（约 56km）的概率是多少？

```
> pnorm(35,mean(Cars93$MPG.highway),sd(Cars93$MPG.highway),lower.tail = F)
[1] 0.1336708
```

因此要求一辆新车每加仑油耗可以行驶 35 英里的概率是 13.36%。因为期望均值高于实际均值，所以 lower.tail 设为 F。

2.4.2 二项分布

二项分布也被称为离散概率分布，它描述的是一个试验的结果。每一次试验均假定只有两种结果：要么为成功或失败，要么为是或否。举个例子，Cars93 数据集中，是否手动变速（manual transmission availability）就被表示成 *yes* 或 *no*。

下面以一个例子来解释二项分布可以用在什么地方。对于一辆有缺陷的汽车，有一个特定零件功能坏了的概率是 0.1%。假设有 93 辆已制造好的汽车，至少一辆有缺陷的汽车可被检测出来的概率是多大：

```
> pbinom(1,93,prob = 0.1)
[1] 0.0006293772
```

所以要求的 93 辆汽车中的有缺陷汽车概率是 0.0006，与一个损坏零件的概率 0.10 相比，这是个非常小的数字。

2.4.3 泊松分布

泊松分布针对的是计数数据，给定关于一个事件的数据与信息，利用泊松概率分布，你可以预测在极限范围内任一数字出现的概率。

我们来看一个例子。假设平均每分钟有 200 位顾客访问某电商网站，可得一分钟内会有 250 个顾客访问同一个网站的概率：

```
> ppois(250,200,lower.tail = F)
[1] 0.0002846214
```

因此，所求的概率是 0.0002，说明这种情况很罕见。除了上述常见的概率分布，还有一些分布可用于罕见情况。

2.5 解读分布

计算概率分布、将数据点拟合于一些特定类型的分布以及后续的解读有助于建立假设。此假设可用于在给定一组参数下估算事件的概率。我们来看看对不同类型分布的解读。

解读连续型数据

一个数据集的任何变量都可通过拟合一个分布来得到其分布参数的最大似然估

计。密度函数适用于诸如"贝塔""柯西""卡方""指数""f""伽马""几何""对数正态""logistic""负二项""正态""泊松""t"和"威布尔"等分布。这些分布都是常用的，这里不给出示例。对于连续型数据，我们采用正态分布和 t 分布：

```
> x<-fitdistr(Cars93$MPG.highway,densfun = "t")
> x$estimate
m s df
28.430527 3.937731 4.237910
> x$sd
m s df
0.5015060 0.5070997 1.9072796
> x$vcov
m s df
m  0.25150831 0.06220734 0.2607635
s  0.06220734 0.25715007 0.6460305
df 0.26076350 0.64603055 3.6377154
> x$loglik
[1] -282.4481
> x$n
[1] 93
```

在上面的代码中，我们用的是 Cars93 数据集中的 MPG.highway 变量。通过让 t 分布拟合这个变量，我们得到参数估计、标准误差估计、协方差矩阵估计、对数似然值还有总数。类似的操作也适用于对连续型变量执行正态分布拟合：

```
> x<-fitdistr(Cars93$MPG.highway,densfun = "normal")
> x$estimate
mean sd
29.086022 5.302983
> x$sd
mean sd
0.5498938 0.3888336
> x$vcov
mean sd
mean 0.3023831 0.0000000
sd   0.0000000 0.1511916
> x$loglik
[1] -287.1104
> x$n
[1] 93
```

现在我们来看如何图形化地表示变量的正态性：

```
> qqnorm(Cars93$MPG.highway)
> qqline(Cars93$MPG.highway)
```

可以看到，所表示的偏离的数据点距离直线很远。

下面解读离散数据，因为其中有所有分类：

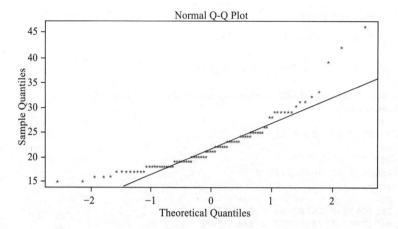

```
> table(Cars93$Type)
Compact Large Midsize Small Sporty Van
   16    11    22     21    14    9
> freq<-table(Cars93$Type)
> rel.freq<-freq/nrow(Cars93)*100
> options(digits = 2)
> rel.freq
Compact Large Midsize Small Sporty Van
  17.2  11.8  23.7   22.6  15.1  9.7
> cbind(freq,rel.freq)
        freq rel.freq
Compact   16    17.2
Large     11    11.8
Midsize   22    23.7
Small     21    22.6
Sporty    14    15.1
Van        9     9.7
```

为了将结果可视化，我们需要用到下图所示的盒状图：

```
> barplot(freq, main = "Distribution of Categorical Variable")
```

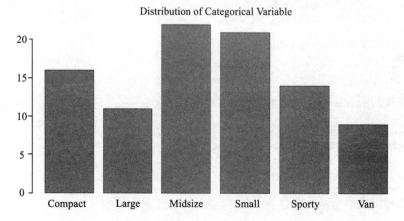

2.6 变量分段

在将连续变量纳入模型之前，需要对其进行处理。以 Cars93 数据集中的油箱容量为例，基于油箱容量，我们可以创建一个分类变量，值为高、中和低、低中：

```
> range(Cars93$Fuel.tank.capacity)
[1]  9.2 27.0
> cat
[1]  9.2 13.2 17.2 21.2 25.2
> options(digits = 2)
> t<-cut(Cars93$Fuel.tank.capacity,cat)
> as.data.frame(cbind(table(t)))
            V1
(9.2,13.2]  19
(13.2,17.2] 33
(17.2,21.2] 36
(21.2,25.2]  3
```

油箱容量的值域为 9.2 ~ 27。根据逻辑，使用分类差 4（也即每个分类之间相差 4）完成分类。这些分类定义了变量中的每一个值被分配到每一组的方式。最后的输出表显示有 4 个组，最高的油箱容量组只有 4 辆车。

变量分段或离散化不仅有助于建立决策树，在做 logistic 回归和其他形式的机器学习模型时也会用到。

2.7 列联表、二元统计及数据正态性检验

列联表是由两个或多个分类变量及每个分类所占比例构成的频率表。频率表展示的是一个分类变量，而列联表用来展示两个分类变量。

我们以 Cars93 数据集为例，来解读列联表、二元统计和数据正态性：

```
> table(Cars93$Type)
Compact   Large  Midsize   Small  Sporty     Van
     16      11       22      21      14       9
> table(Cars93$AirBags)
Driver & Passenger        Driver only        None
                16                 43          34
```

前面已给出过汽车的两个分类变量 AirBags 和 Type 各自的频率表：

```
> contTable<-table(Cars93$Type,Cars93$AirBags)
> contTable

          Driver & Passenger Driver only None
Compact                    2           9    5
Large                      4           7    0
```

```
Midsize 7 11 4
Small   0  5 16
Sporty  3  8  3
Van     0  3  6
```

如上面的代码所示，conTable 对象保存了两个变量的交叉表。每个单元的百分比显示在下列代码中。如果需要计算行百分比或列百分比，则需要指定相应参数的值：

```
> prop.table(contTable)
        Driver & Passenger Driver only None
Compact              0.022       0.097 0.054
Large                0.043       0.075 0.000
Midsize              0.075       0.118 0.043
Small                0.000       0.054 0.172
Sporty               0.032       0.086 0.032
Van                  0.000       0.032 0.065
```

若要计算行百分比，则应将值设为 1。若要计算列百分比，则应将值设为 2。代码如下：

```
> prop.table(contTable,1)
        Driver & Passenger Driver only None
Compact               0.12        0.56 0.31
Large                 0.36        0.64 0.00
Midsize               0.32        0.50 0.18
Small                 0.00        0.24 0.76
Sporty                0.21        0.57 0.21
Van                   0.00        0.33 0.67
> prop.table(contTable,2)
        Driver & Passenger Driver only None
Compact              0.125       0.209 0.147
Large                0.250       0.163 0.000
Midsize              0.438       0.256 0.118
Small                0.000       0.116 0.471
Sporty               0.188       0.186 0.088
Van                  0.000       0.070 0.176
```

列联表的概览（summary）用于实现两个分类变量的独立性检验（卡方检验）：

```
> summary(contTable)
Number of cases in table: 93
Number of factors: 2
Test for independence of all factors:
    Chisq = 33, df = 10, p-value = 3e-04
    Chi-squared approximation may be incorrect
```

对所有因子的卡方独立性检验在之前讲过了。卡方近似值有可能因列联表中存在空值或少于 5 个值而不准确。在之前的例子中，对于汽车类型和安全气囊这两个随机变量，如果一个变量的概率分布不影响另一个变量的概率分布，则说明它们是独立的。对于卡方独立性检验的零假设是两个变量相互独立。因为此检验的 p 值小于 0.05，我们有 5% 的显著性水平否定两个变量是独立的零假设。所以结论是汽车类型和安全气囊不是相互独立的，即它们相关或依赖。

如果不是两个变量，我们给列联表再加一维会怎么样？取 Origin，列联表的代码会显示如下：

```
> contTable<-table(Cars93$Type,Cars93$AirBags,Cars93$Origin)
> contTable
, , = USA
Driver & Passenger Driver only None
Compact 1 2 4
Large   4 7 0
Midsize 2 5 3
Small   0 2 5
Sporty  2 5 1
Van     0 2 3
, , = non-USA
Driver & Passenger Driver only None
Compact 1 7 1
Large   0 0 0
Midsize 5 6 1
Small   0 3 11
Sporty  1 3 2
Van     0 1 3
```

对所有因子的独立性检验结果执行 summay 命令可检验零假设：

```
> summary(contTable)
Number of cases in table: 93
Number of factors: 3
Test for independence of all factors:
Chisq = 65, df = 27, p-value = 5e-05
Chi-squared approximation may be incorrect
```

除了之前讨论的绘图方法，R 语言中还有一些数值统计检验可用于查看一个变量是否呈正态分布。有个名为 norm.test 的库可用于执行数据正态性检验，该库中一系列用于检验数据正态性的函数如下所示：

ajb.norm.test	调整后 Jarque-Bera 正态检验
frosini.norm.test	Frosini 正态检验
geary.norm.test	Geary 正态检验
hegazy1.norm.test	Hegazy-Green 正态检验
hegazy2.norm.test	Hegazy-Green 正态检验
jb.norm.test	Jarque-Bera 正态检验
kurtosis.norm.test	峰度正态检验

（续）

ajb.norm.test	调整后 Jarque-Bera 正态检验
skewness.norm.test	偏度正态检验
spiegelhalter.norm.test	Spiegelhalter 正态检验
wb.norm.test	Weisberg-Bingham 正态检验
ad.test	Anderson-Darling 正态检验
cvm.test	Cramer-von Mises 正态检验
lilie.test	Liliefors（Kolmogorov-Smirnov）正态检验
pearson.test	Pearson 卡方检验
sf.test	Shapiro-Francia 正态检验

我们来对 Cars93 数据集中的 Price 变量进行正态检验：

```
> library(nortest)
> ad.test(Cars93$Price) # Anderson-Darling test
Anderson-Darling normality test
data: Cars93$Price
A = 3, p-value = 9e-07
> cvm.test(Cars93$Price) # Cramer-von Mises test
Cramer-von Mises normality test
data: Cars93$Price
W = 0.5, p-value = 6e-06
> lillie.test(Cars93$Price) # Lilliefors (KS) test
Lilliefors (Kolmogorov-Smirnov) normality test
data: Cars93$Price
D = 0.2, p-value = 1e-05
> pearson.test(Cars93$Price) # Pearson chi-square
Pearson chi-square normality test
data: Cars93$Price
P = 30, p-value = 3e-04
> sf.test(Cars93$Price) # Shapiro-Francia test
Shapiro-Francia normality test
data: Cars93$Price
```

由以上的检验得知，因所有统计检验的 p 值都小于 0.05，可知 Price 变量不是正态分布。如果给二元关系再增加一个维度，即变成多元分析。我们来试着理解一下 Cars93 数据集中马力（horsepower）和车长（length of car）之间的关系：

```
> library(corrplot)
> o<-cor(Cars93[,c("Horsepower","Length")])
> corrplot(o,method = "circle",main="Correlation Plot")
```

当纳入更多变量时，这就变成多元关系了。下面给出一个 Cars93 数据集中多变量之间多元关系的示意图：

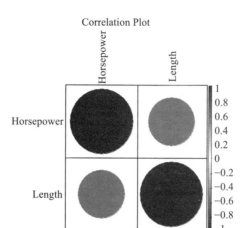

```
> library(corrplot)
> t<-
cor(Cars93[,c("Price","MPG.city","RPM","Rev.per.mile","Width","Weight","Hor
sepower","Length")])
> corrplot(t,method = "ellipse")
```

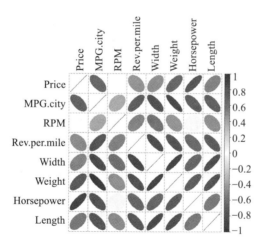

有多种方法可作为参数传递给关联绘图。它们是 "circle" "square" "ellipse" "number" "shade" "color" 和 "pie"。

2.8 假设检验

零假设意味着什么都没有发生、平均值是恒定的，等等。对立假设则意味着有什么发生了，且平均值与总体有所不同。进行假设检验的步骤如下：

1）**提出零假设**：提出关于总体的假设。例如，平均市内行车英里数为40。

2）**提出对立假设**：如果证明零假设是错的，那么其他情况的概率有多大？例如，如果市内行车英里数不是40，那是大于40，还是小于40？如果不等于40，则这是一个非定向对立假设。

3）**计算样本检验统计**：检验统计可以是 t-检验、f-检验、z-检验等。根据数据适用性和先前提出的假设选择恰当的检验统计。

4）**确定置信区间**：有 90%、95% 和 99% 三个置信区间，根据相关的特定业务问题的准确率而定。置信区间的水平由研究人员或分析师来确定。

5）**确定显著性水平**：如果置信区间是 95%，则显著性水平将为 5%。由此可见显著性水平的确定将有益于计算检验的 p 值。

6）**结论**：如果选择的 p 值小于显著水平值，则有理由否定零假设；否则，我们将认可零假设。

2.8.1 总体均值检验

根据前面的检验假设步骤，以 Cars93 为例来检验总体平均值。

已知方差情况下的单尾均值检验

假设某研究人员声明样本采集的所有汽车平均行车里程数超过 35。在有 93 辆汽车的样本中，观察到所有汽车平均行车里程数为 29。你应该认可，还是否定该研究人员的声明？

接下来的代码将解释你应该怎样对此下结论：

```
Null Hypothesis: mean = 35
Alternative hypothesis= mean > 35> mu<-mean(Cars93$MPG.highway)
> mu
[1] 29
> sigma<-sd(Cars93$MPG.highway)
> sigma
[1] 5.3
> n<-length(Cars93$MPG.highway)
> n
[1] 93
> xbar= 35
> z<-(xbar-mu)/(sigma/sqrt(n))
> z
[1] 11
> #computing the critical value at 5% alpha level
```

```
> alpha = .05
> z1 = qnorm(1-alpha)
> z1
[1] 1.6
> ifelse(z > z1,"Reject the Null Hypothesis","Accept the Null Hypothesis")
Null Hypothesis: mean = 35
Alternative hypothesis= mean < 35
Two tail test of mean, with known variance:> mu<-mean(Cars93$MPG.highway)
> mu
[1] 29.09
> sigma<-sd(Cars93$MPG.highway)
> sigma
[1] 5.332
> n<-length(Cars93$MPG.highway)
> n
[1] 93
> xbar= 35
> z<-(xbar-mu)/(sigma/sqrt(n))
> z
[1] 10.7
>
> #computing the critical value at 5% alpha level
> alpha = .05
> z1 = qnorm((1-alpha)/2))
Error: unexpected ')' in "z1 = qnorm((1-alpha)/2))"
> c(-z1,z1)
[1] -1.96 1.96
>
>
> ifelse(z > z1 | z < -z1,"Reject the Null Hypothesis","Accept the Null Hypothesis")
```

下面介绍在已知方差情况下对样本数据的总体均值进行单尾和双尾比例检验分析。

单尾和双尾比例检验

利用数据集 Cars93,假设 40% 的美国产汽车的 RPM(最大马力时的每分钟转速)超过 5000。从样本数据得知,57 辆汽车中有 17 辆的 RPM 超过 5000。从上文你可得到什么解释?

```
> mileage<-subset(Cars93,Cars93$RPM > 5000)
> table(mileage$Origin)
USA non-USA
 17    40
> p1<-17/57
> p0<- 0.4
> n <- length(mileage)
> z <- (p1-p0)/sqrt(p0*(1-p0)/n)
> z
[1] -1.079
> #computing the critical value at 5% alpha level
> alpha = .05
```

```
> z1 = qnorm(1-alpha)
> z1
[1] 1.645
> ifelse(z > z1,"Reject the Null Hypothesis","Accept the Null Hypothesis")
[1] "Accept the Null Hypothesis"
```

如果对立假设是非定向假设，那么这就是双尾比例检验的例子。之前的计算不会有改变，除了临界值的计算。详细代码如下：

```
> mileage<-subset(Cars93,Cars93$RPM > 5000)
> table(mileage$Origin)
USA non-USA
 17   40
> p1<-17/57
> p0<- 0.4
> n <- length(mileage)
> z <- (p1-p0)/sqrt(p0*(1-p0)/n)
> z
[1] -1.079
> #computing the critical value at 5% alpha level
> alpha = .05
> z1 = qnorm(1-alpha/2)
> c(-z1,z1)
[1] -1.96 1.96
> ifelse(z > z1 | z < -z1,"Reject the Null Hypothesis","Accept the Null Hypothesis")
[1] "Accept the Null Hypothesis"
```

❏ **对连续型数据的双样本成对检验**：用于双样本成对检验的零假设是指假设一个过程对研究对象没有影响、试验对试验对象没有影响，等等。对立假设声明存在过程的显著统计影响、试验的有效性或在对象上的作用。

虽然在 Cars93 中没有这样的变量，我们仍然假设在不同汽车品牌的最小价格和最大价格之间有成对关系。

❏ **双样本 t 检验的零假设**：平均价格无差异。

❏ **对立假设**：平均价格有差异。

```
> t.test(Cars93$Min.Price, Cars93$Max.Price, paired = T)
Paired t-test
data: Cars93$Min.Price and Cars93$Max.Price
t = -9.6, df = 92, p-value = 2e-15
alternative hypothesis: true difference in means is not equal to 0
95 percent confidence interval:
-5.765 -3.781
sample estimates:
mean of the differences
-4.773
```

由于 p 值小于 0.05，因此最大价格和最小价格之差在 95% 置信区间内有显著差异。

- **对连续型数据的双样本不成对检验**：假设在 Cars93 数据集中高速路的里程数和市内里程数是有差别的。如果两者有显著差异，可以通过独立的样本 t 检验来比较各自的平均值。
- **零假设**：高速路的 MPG 和市内的 MPG 没有差别。
- **对立假设**：高速路的 MPG 和市内的 MPG 有差别。

```
Welch Two Sample t-test
data: Cars93$MPG.city and Cars93$MPG.highway
t = -8.4, df = 180, p-value = 1e-14
alternative hypothesis: true difference in means is not equal to 0
95 percent confidence interval:
-8.305 -5.136
sample estimates:
mean of x mean of y
22.37 29.09
```

由双样本 t 检验可知，当两个样本相互独立时，p 值小于 0.05，所以我们可以否定假设高速路和市内的平均里程数无差别的零假设，即高速路和市内的平均里程数有显著差异。这可用略微不同的方法展现出来，即零假设手动挡与自动挡汽车各自的市内平均行车里程数不同：

```
, data=Cars93)
Welch Two Sample t-test
data: Cars93$MPG.city by Cars93$Man.trans.avail
t = -6, df = 84, p-value = 4e-08
alternative hypothesis: true difference in means is not equal to 0
95 percent confidence interval:
-6.949 -3.504
sample estimates:
mean in group No mean in group Yes
18.94 24.16
```

从以上的检验可知，结论自动挡与手动挡汽车的市内平均行车里程数有显著差异，因为 p 值小于 0.05。

在进行 t 检验之前，检查数据的正态性非常重要。一个变量的正态性可用 Shapiro 检验函数检测：

```
> shapiro.test(Cars93$MPG.city)
Shapiro-Wilk normality test
data: Cars93$MPG.city
W = 0.86, p-value = 6e-08
)
> qqline(Cars93$MPG.city)
```

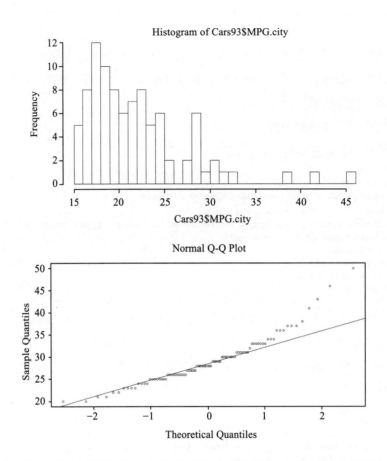

由市内每加仑行车里程数的正态分位图和直方图可知，里程数变量没有呈正态分布。因为该变量不是正态分布的，所以需要采取非参数方法比如 Wilcoxon 符号秩检验或 Kolmogorov-Smirnov 检验。

2.8.2 双样本方差检验

比较双样本的方差，采用 F 检验作为统计量：

```
> var.test(Cars93$MPG.highway~Cars93$Man.trans.avail, data=Cars93)
F test to compare two variances
data: Cars93$MPG.highway by Cars93$Man.trans.avail
F = 0.24, num df = 31, denom df = 60, p-value = 5e-05
alternative hypothesis: true ratio of variances is not equal to 1
95 percent confidence interval:
 0.1330 0.4617
sample estimates:
ratio of variances
           0.2402
```

因为 p 值小于 0.05，我们可以否定手动挡与自动挡汽车在高速路的里程数的方差无差异的零假设。这表明两个样本的方差有 95% 置信水平的统计显著差异。

这两组样本的方差还可以用 Bartlett 检验测出：

```
> bartlett.test(Cars93$MPG.highway~Cars93$Man.trans.avail, data=Cars93)
Bartlett test of homogeneity of variances
data: Cars93$MPG.highway by Cars93$Man.trans.avail
Bartlett's K-squared = 17, df = 1, p-value = 4e-05
```

由以上检验也可以得出这样的结论，即关于方差相同的零假设可在 0.05 的显著性水平拒绝，可证明这两组样本有显著差异。

单因子方差分析：可使用单因子方差分析。分析的变量是 RPM，分组变量是 Cylinders（汽缸个数）。

零假设：不同缸数的平均 RPM 值无差异。

对立假设：至少一种缸数的平均 RPM 有差异。

代码如下：

```
> aov(Cars93$RPM~Cars93$Cylinders)
Call:
   aov(formula = Cars93$RPM ~ Cars93$Cylinders)

Terms:
                Cars93$Cylinders Residuals
Sum of Squares          6763791  25996370
Deg. of Freedom               5        87

Residual standard error: 546.6
Estimated effects may be unbalanced
> summary(aov(Cars93$RPM~Cars93$Cylinders))
                 Df  Sum Sq Mean Sq F value Pr(>F)
Cars93$Cylinders  5 6763791 1352758    4.53  0.001 **
Residuals        87 25996370  298809
---
Signif. codes:  0 '***' 0.001 '**' 0.01 '*' 0.05 '.' 0.1 ' ' 1
```

由上面的方差分析可知，p 值小于 0.05，因此否定零假设。这意味着至少有一种缸数的平均 RPM 存在显著差异。为了识别哪一种缸数是不同的，可在方差分析模型的结果上执行事后检验：

```
> TukeyHSD(aov(Cars93$RPM~Cars93$Cylinders))
  Tukey multiple comparisons of means
    95% family-wise confidence level
Fit: aov(formula = Cars93$RPM ~ Cars93$Cylinders)
$`Cars93$Cylinders`
     diff    lwr      upr     p adj
4-3 -321.8 -1269.23  625.69 0.9201
5-3 -416.7 -1870.88 1037.54 0.9601
```

```
6-3   -744.1 -1707.28  219.11 0.2256
8-3   -895.2 -1994.52  204.04 0.1772
rotary-3 733.3 -1106.11 2572.78 0.8535
5-4    -94.9 -1244.08 1054.29 0.9999
6-4   -422.3  -787.90  -56.74 0.0140
8-4   -573.5 -1217.14   70.20 0.1091
rotary-4 1055.1 -554.08 2664.28 0.4027
6-5   -327.4 -1489.61  834.77 0.9629
8-5   -478.6 -1755.82  798.67 0.8834
rotary-5 1150.0 -801.03 3101.03 0.5240
8-6   -151.2  -817.77  515.47 0.9857
rotary-6 1477.4 -141.08 3095.92 0.0941
rotary-8 1628.6  -74.42 3331.57 0.0692
```

只要调整后的 p 值小于 0.05，RPM 的平均差异将显著有别于其他分组。

双因子方差分析及其事后检验：这里研究的因子是 origin（是否美国产）和 airbags（安全气囊规格）。需要检验的假设是：这两个分类变量对 RPM 变量是否有影响？

```
> aov(Cars93$RPM~Cars93$Origin + Cars93$AirBags)
Call:
   aov(formula = Cars93$RPM ~ Cars93$Origin + Cars93$AirBags)

Terms:
                Cars93$Origin Cars93$AirBags Residuals
Sum of Squares        8343880         330799  24085482
Deg. of Freedom             1              2        89

Residual standard error: 520.2
Estimated effects may be unbalanced
> summary(aov(Cars93$RPM~Cars93$Origin + Cars93$AirBags))
               Df   Sum Sq  Mean Sq F value   Pr(>F)
Cars93$Origin   1  8343880  8343880   30.83  2.9e-07 ***
Cars93$AirBags  2   330799   165400    0.61     0.54
Residuals      89 24085482   270623
---
Signif. codes:  0 '***' 0.001 '**' 0.01 '*' 0.05 '.' 0.1 ' ' 1
> TukeyHSD(aov(Cars93$RPM~Cars93$Origin + Cars93$AirBags))
  Tukey multiple comparisons of means
    95% family-wise confidence level

Fit: aov(formula = Cars93$RPM ~ Cars93$Origin + Cars93$AirBags)

$`Cars93$Origin`
               diff   lwr   upr p adj
non-USA-USA   599.4 384.9 813.9     0

$`Cars93$AirBags`
                                    diff    lwr   upr  p adj
Driver only-Driver & Passenger   -135.74 -498.8 227.4 0.6474
None-Driver & Passenger           -25.68 -401.6 350.2 0.9855
None-Driver only                  110.06 -174.5 394.6 0.6280
```

2.9 无参数方法

当一个训练数据集不满足任何假定的某种概率分布时，唯一的选择就是通过无参数方法分析数据集。无参数方法不服从概率分布假设。使用无参数方法，我们可以不基于概率分布的前提假设来实施推断和假设检验。现在我们来看当一个数据集不满足任何概率分布前提假设时，可使用的一系列无参数检验。

2.9.1　Wilcoxon 符号秩检验

如果正态性假设不成立，就需要利用无参数方法来回答这个问题——自动挡和手动挡汽车的市内平均行车里程数是否有差别？

```
> wilcox.test(Cars93$MPG.city~Cars93$Man.trans.avail, correct = F)
Wilcoxon rank sum test
data: Cars93$MPG.city by Cars93$Man.trans.avail
W = 380, p-value = 1e-06
alternative hypothesis: true location shift is not equal to 0
```

若两个样本恰好成对而又不满足正态性假设，则可使用参数 paired：

```
> wilcox.test(Cars93$MPG.city, Cars93$MPG.highway, paired = T)
Wilcoxon signed rank test with continuity correction
data: Cars93$MPG.city and Cars93$MPG.highway
V = 0, p-value <2e-16
alternative hypothesis: true location shift is not equal to 0
```

2.9.2　Mann-Whitney-Wilcoxon 检验

若两个样本不匹配、独立且不服从正态分布，则需要使用 Mann-Whitney-Wilcoxon 检验来判断两个样本的平均差有显著差异的假设。

```
> wilcox.test(Cars93$MPG.city~Cars93$Man.trans.avail, data=Cars93)
Wilcoxon rank sum test with continuity correction
data: Cars93$MPG.city by Cars93$Man.trans.avail
W = 380, p-value = 1e-06
alternative hypothesis: true location shift is not equal to 0
```

2.9.3　Kruskal-Wallis 检验

要比较两组以上数据的平均值，也即无参方法的方差分析，可以使用 Kruskal-Wallis 检验。这也被称作无分布的统计检验：

```
> kruskal.test(Cars93$MPG.city~Cars93$Cylinders, data= Cars93)
Kruskal-Wallis rank sum test
data: Cars93$MPG.city by Cars93$Cylinders
Kruskal-Wallis chi-squared = 68, df = 5, p-value = 3e-13
```

小结

探索性数据分析几乎是所有类型的数据挖掘项目都要执行的一项重要操作。解读分布、分布的形状和分布的重要参数是相当重要的。提前的假设检验可帮助我们更好地理解数据。不仅是分布及其性质,不同变量之间的关系也很重要。所以本章介绍了不同变量之间的二元和多元关系以及如何理解这些关系。诸如 t 检验、F 检验、z 检验和无参数检验等经典统计检验都是检验假设的重要方法。检验假设本身对于从数据集中得出结论和洞见也很重要。

本章我们介绍了多种统计检验和它们的用法、说明以及可以使用这些检验的场景。在实施探索性数据分析之后,下一章将介绍一些数据可视化方法来使读者对数据有个全方位的了解。有时,图形化的描述是最简单的数据展示方法。下一章将使用不同库中的一些内置数据集来创建直观的可视化。

第 3 章　Chapter 3

可视化 diamond 数据集

对于任何数据挖掘项目，如果没有适当的数据可视化，那么都是不完整的。对数字和统计资料的观察能从多个侧面告诉我们关于变量的"故事"，而当我们以图形化的角度去观察变量和因子之间的关系时，它将展示另一个"故事"。可见，数据可视化将揭示数值分析和统计无法展现的信息。从数据挖掘的角度来看，数据可视化有很多益处，可大致概括为以下三点：

- 数据可视化在数据和数据使用者之间建立了可靠的沟通桥梁。
- 可视化将产生更长久的影响，这是因为与数字相比，人们更容易记住图表和形状。
- 当数据规模达到较高维度时，数字化表述是行不通的，图形化却可以。

在本章中，通过使用 R 编程语言中现有的库实现高级的数据可视化，读者将了解数据可视化的基础知识。数据可视化通常有两个着手点：

- 你想给观众展示什么？是对比、关联，还是实现其他功能？
- 如何展示对于数据的洞见？哪一种图或表最能直观地展现洞见？

基于以上两点，我们来看看每一种可视化背后的可视化规则和理论，然后再用 R 脚本实现图表的实际应用。

从功能的角度来讲，以下是一个数据科学家希望观众能从中观察并推断出信息的图表：

❑ **变量之间的比较**：若要显示一个变量中两个或以上的分类，通常使用以下图表：
- 条状图
- 盒状图
- 气泡图
- 直方图
- 折线图
- 堆叠柱形图
- 雷达图
- 饼图

❑ **检验／观察占比**：用于显示一个分类对总体的占比情况：
- 气泡图
- 概念图
- 堆叠柱形图
- 词云

❑ **变量之间的关系**：两个或多个变量之间的关联可用以下类型的图表显示：
- 散点图
- 条状图
- 雷达图
- 折线图
- 树状图

❑ **变量层次**：若需要显示变量的层次秩序，比如一个变量序列，可使用以下类型的图表：
- 树状图
- 矩形树图

❑ **有地理信息的数据**：若一个数据集包含不同城市、国家和州名的地理信息或者经纬度，则可用于以下类型的图表实现可视化：
- 气泡地图
- 地理制图
- 点状图

- 流状图

❑ **贡献分析或局部对总体**：若需要显示一个变量的构成以及每个分类水平对变量总体的贡献，可用以下类型的图表：
- 饼图
- 堆叠柱形图
- 甜甜圈图

❑ **统计分布**：为了理解一个变量在不同维度的变动，用另一个分类变量进行展示，可使用如下类型的图表：
- 盒状图
- 气泡图
- 直方图
- 茎叶图

❑ **隐藏模式**：用于模式识别和数据点在一个变量不同维度下的相关重要程度，可使用如下类型的图表：
- 条状图
- 盒状图
- 气泡图
- 散点图
- 螺旋图
- 折线图

❑ **值的扩展或域**：如下类型的图表可用于展示数据点在不同区域内的扩展：
- 跨度图
- 盒状图
- 直方图

❑ **文本数据展示**：这是一种有趣的文本数据展示方法：
- 词云

请牢记以上用于向读者展示洞见的各种图表所具有的功能。我们还可以发现一种图有多种功能，换言之，一种图可以用于多种函数来展现洞见。这些图形和图表可以用 R 语言的开源封装包展现出来，比如将 ggplot2、ggvis、rCharts、plotly 和 googleVis 应用于一个开源数据集。

基于前面提到的十个要点，创建数据可视化规则就是根据所要表达的内容选择最恰当的展示方式：

- 两个变量之间的关系可用散点图展示。
- 两个以上的变量之间的关系可用气泡图展示。
- 可通过直方图来了解小样本的单个变量的分布。
- 可通过密度绘图来了解大样本的单个变量的分布。
- 两个变量的分布可用散点图展示。
- 三个变量的分布展示可使用 3D 散点图。
- 任何有时间戳的变量，如日、周、月、年等，可用线状图展示——时间总是在横坐标，而被测对象总是在纵坐标。
- 每张图都应有一个名字和标签，以便用户不用回溯到数据本身就能了解它是什么。

本章将着重介绍 ggplot2 库和 plotly 库，当然也会涉及一些更有意思的可视化库。R 语言中的图形封装包可按如下顺序组织：

- 绘图。
- 图形应用（比如效果排序、大数据集和树和图形）。
- 图形系统。
- 设备。
- 色彩。
- 交互图形。
- 开发。

支持以上功能的相关库的详细介绍可在这个链接找到：https://cran.r-project.org/web/views/Graphics.html。要创建好的图形化对象，需要更多的数据点，这也会使图形的密度更大。本章将使用 diamonds.csv 和 cars93.csv 这两个数据集来实现数据的可视化。

3.1 使用 ggplot2 可视化数据

继续进行数据可视化的方法有两种，即横向钻取和纵向钻取。横向钻取是指使用 ggplot2 创建一些不同的表和图；纵向钻取是指创建一张图，然后给这张图添加不同的组件。我们应先理解如何给一张图添加和修改组件，然后继续横向地创建不同类型的图表。

让我们来看一个数据集和创建可视化需要的库：

```
> #getting the library
> library(ggplot2);head(diamonds);names(diamonds)
X carat cut color clarity depth table price x y z
1 1 0.23 Ideal E SI2 61.5 55 326 3.95 3.98 2.43
2 2 0.21 Premium E SI1 59.8 61 326 3.89 3.84 2.31
3 3 0.23 Good E VS1 56.9 65 327 4.05 4.07 2.31
4 4 0.29 Premium I VS2 62.4 58 334 4.20 4.23 2.63
5 5 0.31 Good J SI2 63.3 58 335 4.34 4.35 2.75
6 6 0.24 Very Good J VVS2 62.8 57 336 3.94 3.96 2.48
[1] "X" "carat" "cut" "color" "clarity" "depth" "table" "price" "x"
[10] "y" "z"
```

ggplo2 库也称为数据可视化的图形语法。开始画图时，需要一个数据集和两个变量，然后可以通过"+"符号将不同组件添加到基础图形中。让我们用 diamonds.csv 数据集来画一张漂亮的图：

```
> #starting a basic ggplot plot object
> gg<-ggplot(diamonds,aes(price,carat))+geom_point(color="brown4")
> gg
```

在上面的脚本中，diamonds 是所需的数据集，carat 和 price 是所需的两个变量。使用 ggplot 函数创建基础图形，然后给 ggplot 添加数据点，该对象存储在 gg 对象中。

现在我们添加一些图形组件，让 ggplot 图更有意思些：

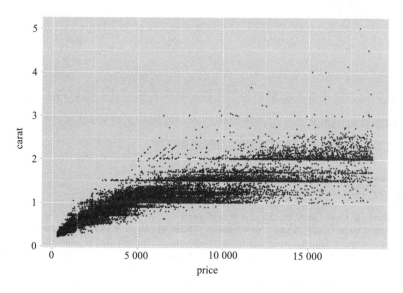

创建了基础图形之后，需要给图形添加标题和标签。这可以通过 ggtitle 或 labs 函

数来实现。然后，我们来给图形添加一个主题来格式化文本元素：

```
> #adding a title or label to the graph
> gg<-gg+ggtitle("Diamond Carat & Price")
> gg
> gg<-gg+labs("Diamond Carat & Price")
> gg
> #adding theme to the plot
> gg<-gg+theme(plot.title= element_text(size = 20, face = "bold"))
> gg
```

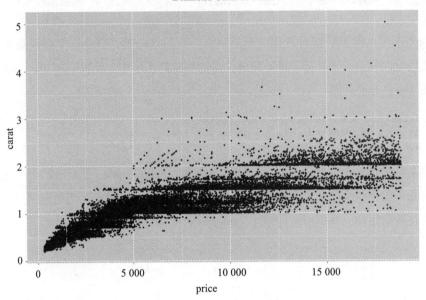

现在这张图看起来有些密集。为了让图形更加直观，我们需要给 x 轴和 y 轴添加标签，并移除坐标标识和文字，以使图片更清晰。若因行名或列名包含文字或一个较大数字而使其很难被完全辨识，则需要绕任意轴旋转文字：

```
> #adding labels to the graph
> gg<-gg+labs(x="Price in Dollar", y="Carat", )
> gg
> #removing text and ticks from an axis
> gg<-gg+theme(axis.ticks.y=element_blank(),axis.text.y=element_blank())
> gg
> gg<-gg + theme(axis.text.x=element_text(angle=50, size=10, vjust=0.5))
> gg
> gg<-gg + theme(axis.text.x=element_text(color = "chocolate", vjust=0.45),
```

```
+ axis.text.y=element_text(color = "brown1", vjust=0.45))
> gg
```

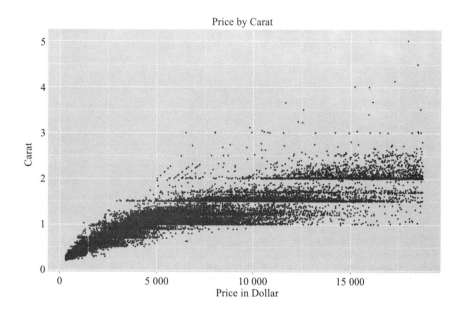

为了关注到绘图的任意特定部分，x 轴和 y 轴的界限可做如下改动。这样也会显示在限定两个轴的局域时有多少行被删除了：

```
> #setting limits to both axis
> gg<-gg + ylim(0,0.8)+xlim(250,1500)
> gg
Warning message:
Removed 33937 rows containing missing values (geom_point).
```

如果 x 轴和 y 轴表示的都是连续型数据，任意第三变量都可以作为一个因子引入 ggplot 对象中以设置图例，从而可以观察数据是怎么在因子变量上分布的：

```
> #how to set legends in a graph
> gg<-ggplot(diamonds,aes(price,carat,color=factor(cut)))+geom_point()
> gg
> gg<-ggplot(diamonds,aes(price,carat,color=factor(color)))+geom_point()
> gg
> gg<-ggplot(diamonds,aes(price,carat,color=factor(clarity)))+geom_point()
> gg
> gg<-gg+theme(legend.title=element_blank())
> gg
```

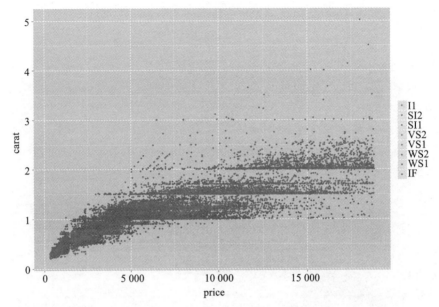

```
> gg<-gg+theme(legend.title = element_text(colour="darkblue", size=16,
+ face="bold"))+scale_color_discrete(name="By Different Grids of Clarity")
> #changing the backgroup boxes in legend
> gg<-gg+theme(legend.key=element_rect(fill='dodgerblue1'))
> gg
> #changing the size of the symbols used in legend
> gg<-gg+guides(colour = guide_legend(override.aes = list(size=4)))
> gg
> #changing the size of the symbols used in legend
> gg<-gg+guides(colour = guide_legend(override.aes = list(size=4)))
> gg
```

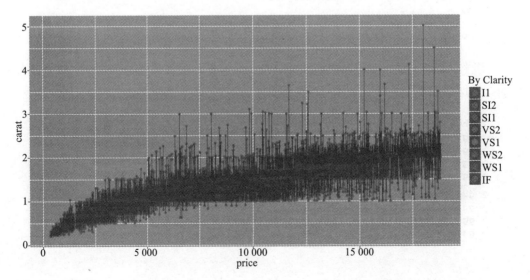

在上面的图形上还需要连接散点和改变背景。之所以给散点添加连线，是为了理解序列模式和变量之间的 r 关联：

```
> #adding line to the data points
> gg<-gg+geom_line(color="darkcyan")
> gg
> #changing the background of an image
> gg<-gg+theme(panel.background = element_rect(fill = 'chocolate3'))
> gg
> #changing plot background
> gg<-gg+theme(plot.background = element_rect(fill = 'skyblue'))
> gg
```

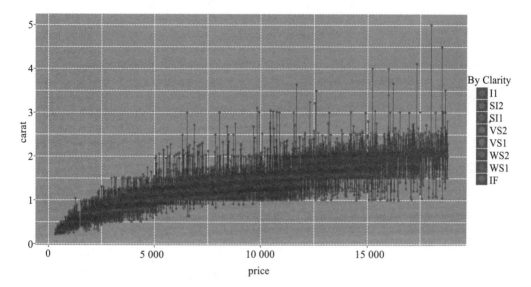

数据可视化的另一个重要方面是如何在一张图的中进行多维度显示。例如，对于 diamonds 数据集，我们来看钻石价格和所含克拉数之间的关系。该数据集中还有三个变量：cut、color 和 clarity。我们有必要理解它们的关系在这三个变量上钻石价格和含卡拉量之间的关系是否不变。这意味着我们可以针对不同的 cut、不同的 color 以及不同的 clarity 描绘出所含克拉数和钻石价格之间的关联。下面来看这三个分类变量的分布：

```
> table(diamonds$cut);table(diamonds$clarity);table(diamonds$color)
Fair  Good Very Good Premium Ideal
1610  4906   12082    13791 21551
I1 SI2 SI1 VS2 VS1 VVS2 VVS1 IF
741 9194 13065 12258 8171 5066 3655 1790
D    E    F    G    H    I    J
6775 9797 9542 11292 8304 5422 2808
> #adding a multi-variable cut to the graph
> gg<-gg+facet_wrap(~cut, nrow=4)
> gg
```

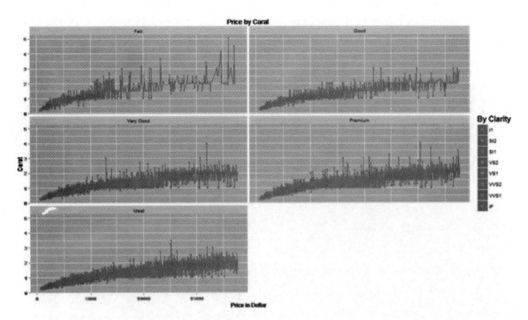

在上图中，cut 变量用于显示所含克拉数（carat）和价格（price）之间的关系。之所以选取的行数是 4，是为了清晰地展示绘图。如果添加更多的变量给 cut 变量（这里添加的是 clarity），绘图会更直观，并更富有洞见力：

```
> #adding two variables as cut to display the relationship
> gg<-gg+facet_wrap(~cut+clarity, nrow=4)
> gg
```

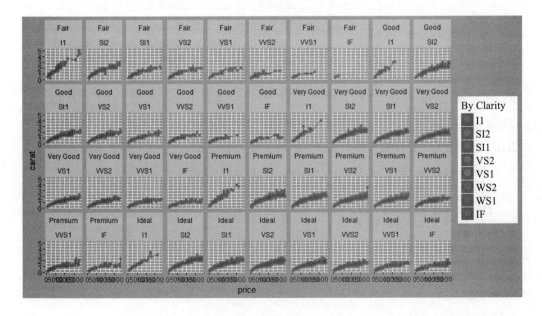

当用多维度 cut 变量创建图形时，所有图形不一定都是相同比例的。在自动模式中，所有绘图采取一个标准比例，所以有时一些绘图会被压缩。因此，需要不固定图片比例，从而可以根据观测值重新调整比例：

```
> #scale free graphs in multi-panels
> gg<-gg+facet_wrap(~color, ncol=2, scales="free")
> gg
```

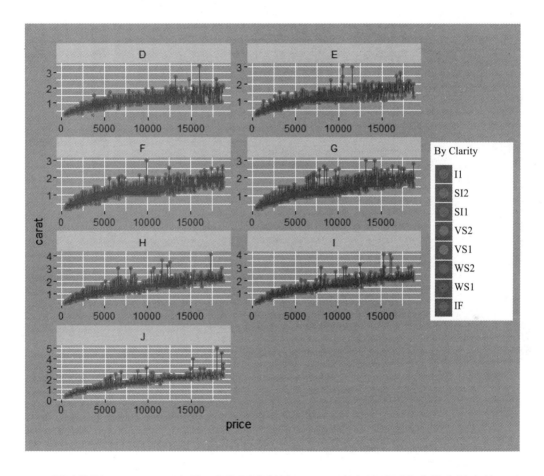

通过使用 facet_grid() 选项，我们可以利用 ggplot2 库来显示两个分类变量中的二元关系：

```
> #bi-variate plotting using ggplot2
> gg<-gg+facet_grid(color~cut)
> gg
```

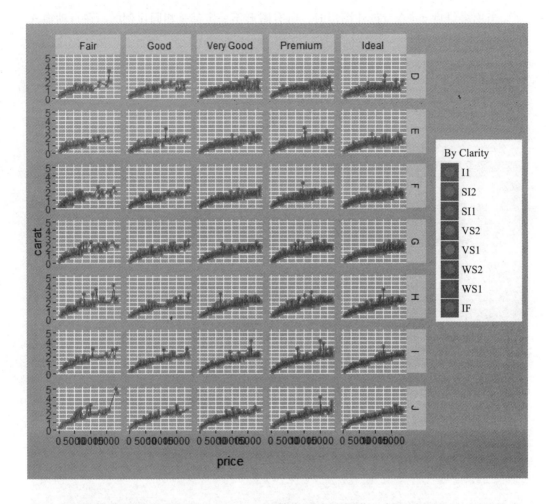

有一些外部图形主题可导入 ggplot2 函数中用于可视化，例如 library（ggthemes）。Tableau 是一个流行的可视化工具，其色彩和主题可与 ggplots 一同使用：

```
> #changing discrete category colors
> ggplot(diamonds, aes(price, carat, color=factor(cut)))+
+ geom_point() +
+ scale_color_brewer(palette="Set1")
> #Using tableau colors
> library(ggthemes)
> ggplot(diamonds, aes(price, carat, color=factor(cut)))+
+ geom_point() +
+ scale_color_tableau()
```

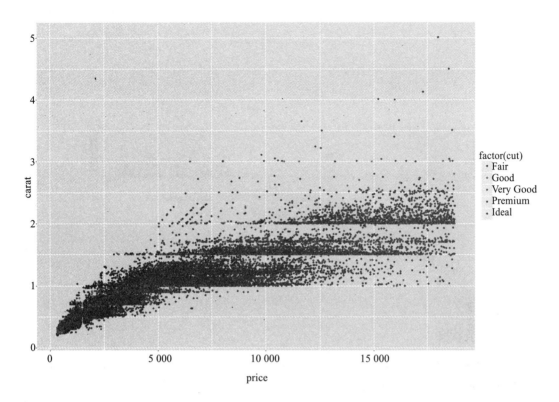

可以利用色彩梯度（scale_color_gradient）和在图形上绘制一个分布，来对已创建的图形进行微调：

```
> #using color gradient
> ggplot(diamonds, aes(price, carat))+
+ geom_point() +
+ scale_color_gradient(low = "blue", high = "red")
> #plotting a distribution on a graph
> mid<-mean(diamonds$price)
> ggplot(diamonds, aes(price, carat, color=depth))+geom_point()+
+ scale_color_gradient2(midpoint=mid,
+ low="blue", mid="white", high="red" )
```

深入讨论了绘图过程中的组件后，现在我们来试着理解如何使用 ggplot2 创建不同的图表。qplot() 是 ggplot2 中的一个基本绘图函数，是创建不同类型图形的一个封装器，其中有两个选项可供用户使用——用 qplot() 或 ggplot() 函数绘图。为了创建不同的图形，我们将用到 Cars93.csv 数据集。

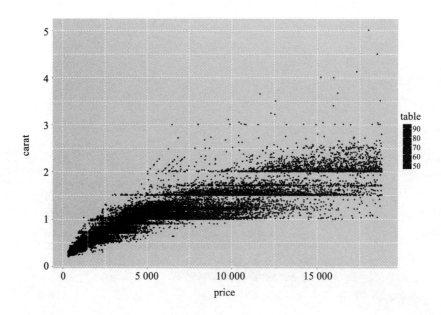

3.1.1 条状图

条状图是对分类变量进行可视化的首选之法，也可用于显示每一分组的计数或占比。其中横坐标表示分类，纵坐标表示计数或占比。

```
> #creating bar chart
> barplot <- ggplot(Cars93,aes(Type))+
+ geom_bar(width = 0.5,fill="royalblue4",color="red")+
+ ggtitle("Vehicle Count by Category")
> barplot
```

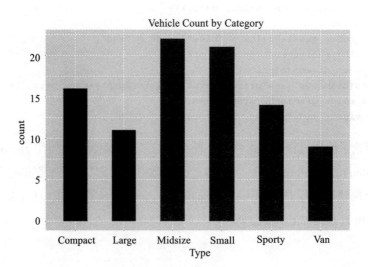

3.1.2 盒状图

ggplot 包的盒状图不易理解，却便于定制图形。盒状图中的离群点很容易被识别出来：

```
> #creating boxplot
> boxplot <- ggplot(Cars93,aes(Type,Price))+
+ geom_boxplot(width = 0.5,fill="firebrick",color="cadetblue2",
+ outlier.colour = "purple",outlier.shape = 2)+
+ ggtitle("Boxplot of Price by Car Type")
> boxplot
```

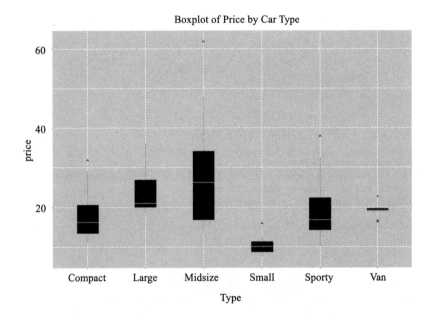

3.1.3 气泡图

气泡图是散点图家族的一员。当需要显示三个定量变量时，气泡图是首选之法。其中两个定量变量在两个坐标轴上表示，一个定量变量用于表述气泡图中每个气泡的大小：

```
> #creatting Bubble chart
> bubble<-ggplot(Cars93, aes(x=EngineSize, y=MPG.city)) +
+ geom_point(aes(size=Price,color="red")) +
+ scale_size_continuous(range=c(2,15)) +
+ theme(legend.position = "bottom")
> bubble
```

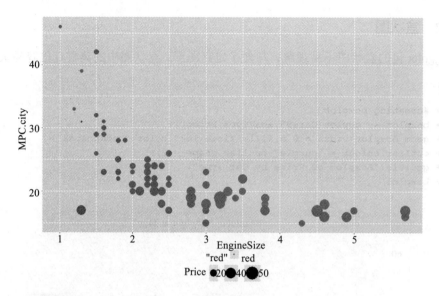

3.1.4 甜甜圈图

若分类数超过 5，则可使用甜甜圈图取代饼图：

```
> #creating Donut charts
> ggplot(Cars93) + geom_rect(aes(fill=Cylinders, ymax=Max.Price,
+ ymin=Min.Price, xmax=4, xmin=3)) +
+ coord_polar(theta="y") + xlim(c(0, 4))
```

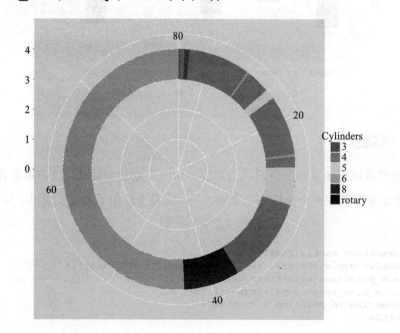

3.1.5 地理制图

任何有城市名和州名或国家名的数据集都可利用 R 中的谷歌可视化库绘制在地图上。利用另一个开源数据集（即 R 中内置的 state.x77），我们可以展示一张地图。谷歌可视化库利用谷歌地图的 API，会尝试在图片上绘出地理位置和企业数据。它会把结果输出到一个浏览器，继而可存储为图片以供以后使用：

```
> library(googleVis)
> head(state.x77)
           Population Income Illiteracy Life Exp Murder HS Grad Frost
Alabama          3615   3624        2.1    69.05   15.1    41.3    20
Alaska            365   6315        1.5    69.31   11.3    66.7   152
Arizona          2212   4530        1.8    70.55    7.8    58.1    15
Arkansas         2110   3378        1.9    70.66   10.1    39.9    65
California      21198   5114        1.1    71.71   10.3    62.6    20
Colorado         2541   4884        0.7    72.06    6.8    63.9   166
           Area
Alabama    50708
Alaska    566432
Arizona   113417
Arkansas   51945
California 156361
Colorado  103766
> states <- data.frame(state.name, state.x77)
> gmap <- gvisGeoMap(states, "state.name", "Area",
+ options=list(region="US", dataMode="regions",
+ width=900, height=600))
> plot(gmap)
```

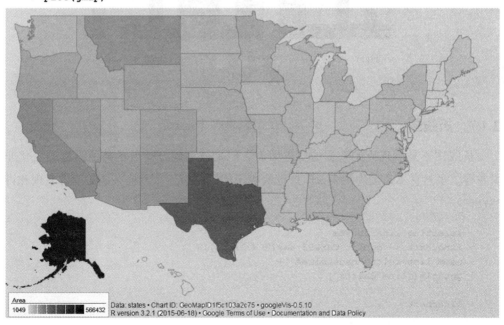

3.1.6 直方图

这也许是每位数据挖掘专业人士都必须做的最简单的绘图。如下代码解释了如何使用 ggplot 库创建直方图：

```
> #creating histograms
> histog <- ggplot(Cars93,aes(RPM))+
+ geom_histogram(width = 0.5,fill="firebrick",color="cadetblue2",
+ bins = 20)+
+ ggtitle("Histogram")
> histog
```

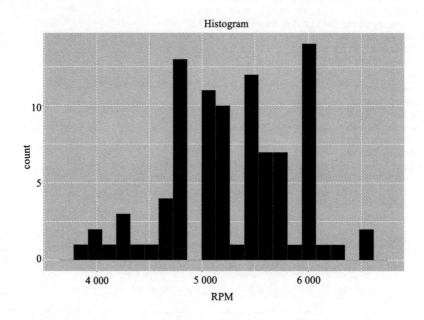

3.1.7 折线图

折线图不是展现原始数据的优选图表。但是就不同分类展示某种测量的变化非常重要。虽然它不是最优图表，但这也取决于使用者想怎么给他／她的读者展现和讲"故事"：

```
> #creating line charts
> linechart <- ggplot(Cars93,aes(RPM,Price))+
+ geom_line(color="cadetblue4")+
+ ggtitle("Line Charts")
>
> linechart
```

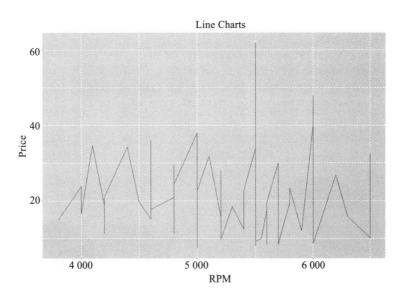

3.1.8 饼图

饼图是当每个分类变量的标签数小于 10 时对分类变量的一种表现形式。如果标签数超过 10，建议参照直方图或条状图做对比。可使用 ggplot 库创建饼图，脚本如下：

```
> #creating pie charts
> pp <- ggplot(Cars93, aes(x = factor(1), fill = factor(Type))) +
+ geom_bar(width = 1)
> pp + coord_polar(theta = "y")
```

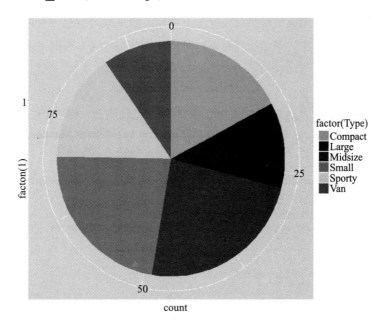

```
> # 3D Pie Chart from data frame
> library(plotrix)
> t <- table(Cars93$Type);par(mfrow=c(1,2))
> pct <- paste(names(t), "\n", t, sep="")
> pie(t, labels = pct, main="Pie Chart of Type of cars")
> pie3D(t,labels=pct,main="Pie Chart of Type of cars")
```

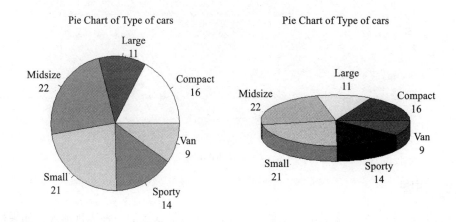

3.1.9 散点图

散点图是一种有助于了解数据中存在的二元关系的重要图形。它也展现了在一定时间区域内数据存储的模式。将数据以散点图展现时，用合适的方式展现数据很重要。接下来的例子说明如何利用第三维来可视化二元关系。第三维可以是一个连续变量或分类变量。利用 gridExtra() 库，附加的图形窗口可就此创建，在这上面两个或多个绘图可按照某种关联并排展示：

```
> library(gridExtra)
> sp <- ggplot(Cars93,aes(Horsepower,MPG.highway))+
+ geom_point(color="dodgerblue",size=5)+ggtitle("Basic Scatterplot")+
+ theme(plot.title= element_text(size = 12, face = "bold"))
> sp
> #adding a cantinuous variable Length to scale thee scatterplot points
> sp2<-sp+geom_point(aes(color=Length), size=5)+
+ ggtitle("Scatterplot: Adding Length Variable")+
+ theme(plot.title= element_text(size = 12, face = "bold"))
> sp2
>
> grid.arrange(sp,sp2,nrow=1)
```

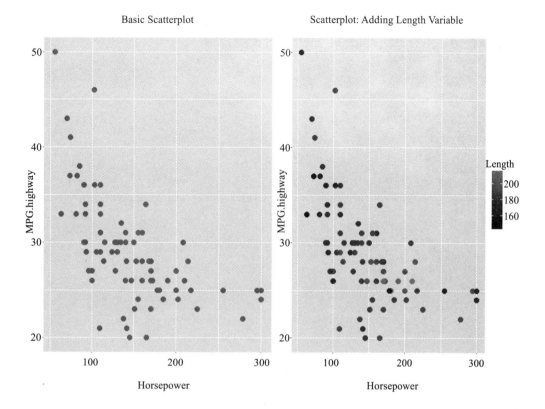

在上面的右侧图中，长度变量是连续的，表述了马达和每加仑高速路里程数之间的关系。浅色圆点表示较长的车，深色圆点表示较小的车。如果不是连续变量，当使用因子变量来量化两个变量之间的关系时，我们能够看到类似于第一张图的图形：

```
> #adding a factor variable Origin to scale the scatterplot points
> sp3<-sp+geom_point(aes(color=factor(Origin)),size=5)+
+ ggtitle("Scatterplot: Adding Origin Variable")+
+ theme(plot.title= element_text(size = 12, face = "bold"))
> sp3
> #adding custom color to the scatterplot
> sp4<-sp+geom_point(aes(color=factor(Origin)),size=5)+
+ scale_color_manual(values = c("red","blue"))+
+ ggtitle("Scatterplot: Adding Custom Color")+
+ theme(plot.title= element_text(size = 12, face = "bold"))
> sp4
> grid.arrange(sp3,sp4,nrow=1)
```

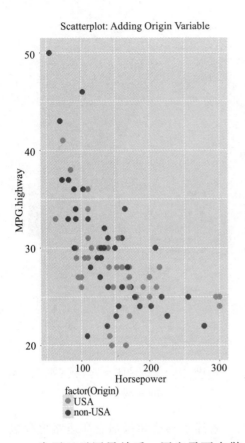 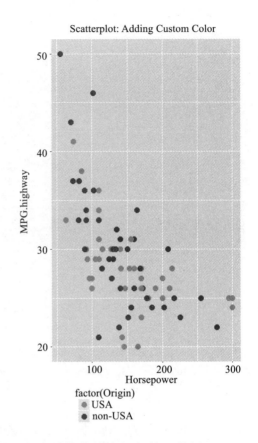

为了显示因果关系，用户需要在散点图上画出趋势线或者回归线。使用 ggplot2 库，可以画出不同的回归线，比如线性的、非线性的、广义线性的，等等。若一个数据集中的观测数小于 1000，则默认采用局部回归方法；若观测数大于 1000，则采用广义加性模型，然后再显示趋势线。在下图中，左侧图显示了连接所有点的折线图，右侧图显示了强线性模型：

```
> sp5<-sp+geom_point(color="blue",size=5)+geom_line()+
+ ggtitle("Scatterplot: Adding Lines")+
+ theme(plot.title= element_text(size = 12, face = "bold"))
> sp5
> #adding regression lines to the scatterplot
> sp6<-sp+geom_point(color="firebrick",size=5)+
+ geom_smooth(method = "lm",se =T)+
+ geom_smooth(method = "rlm",se =T)+
+ ggtitle("Adding Regression Lines")+
+ theme(plot.title= element_text(size = 12, face = "bold"))
```

```
> sp6
> grid.arrange(sp5,sp6,nrow=1)
```

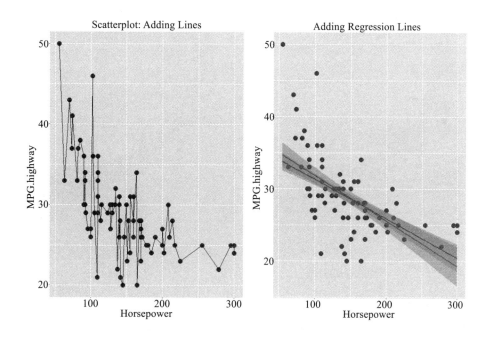

通过添加广义回归模型和作为一个非线性回归模型的局部回归模型，我们可以对散点图做如下更改：

```
> sp7<-sp+geom_point(color="firebrick",size=5)+
+ geom_smooth(method = "auto",se =T)+
+ geom_smooth(method = "glm",se =T)+
+ ggtitle("Adding Regression Lines")+
+ theme(plot.title= element_text(size = 20, face = "bold"))
> sp7
> #adding regression lines to the scatterplot
> sp8<-sp+geom_point(color="firebrick",size=5)+
+ geom_smooth(method = "gam",se =T)+
+ ggtitle("Adding Regression Lines")+
+ geom_smooth(method = "loess",se =T)+
+ theme(plot.title= element_text(size = 20, face = "bold"))
> sp8
> grid.arrange(sp7,sp8,nrow=1)
```

3D 散点图是对我们所看到的散点图列表功能的一种补充。3D 散点图库使得用户可以观察并旋转绘图，从多个角度查看数据点。一旦运行，如下的脚本将打开一个新的 rgl 设备窗口。只需旋转图片，你就可以从多个角度查看数据点：

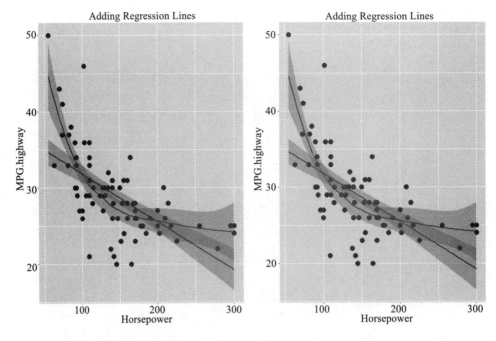

```
> library(scatterplot3d);library(Rcmdr)
> scatter3d(MPG.highway~Length+Width|Origin, data=Cars93,
fit="linear",residuals=TRUE, parallel=FALSE, bg="black", axis.scales=TRUE,
grid=TRUE, ellipsoid=FALSE)
```

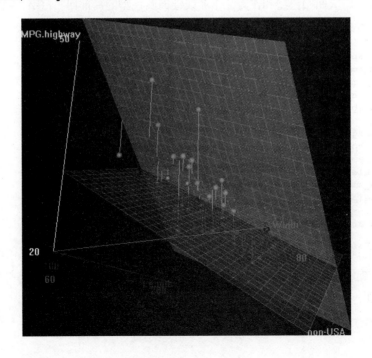

3.1.10 堆叠柱形图

堆叠柱形图只是条状图的一个变体,若超过两个变量,则可以用多种颜色组合画出。下面的示例代码演示了堆叠柱形图的一些方法:

```
> qplot(factor(Type), data=Cars93, geom="bar", fill=factor(Origin))
>
> #or
>
> ggplot(Cars93, aes(Type, fill=Origin)) + geom_bar()
```

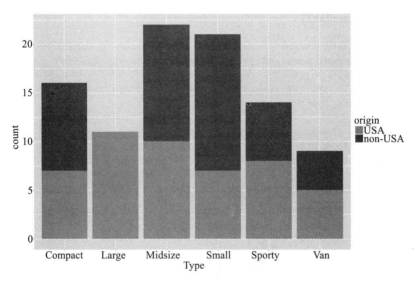

3.1.11 茎叶图

茎叶图是将定量变量切分成十位数字(茎)和个位数字(叶)的表示方法。例如,如下代码可用于绘制 Cars93.csv 中市内行车里程数(MPG.city)的茎叶图:

```
> stem(Cars93$MPG.city)
The decimal point is 1 digit(s) to the right of the |
1 | 55666777777788888888888899999999999
2 | 000000001111112222223333333344444
2 | 5555556688999999
3 | 01123 55555555
3 | 9     55555555
4 | 2     55555555
4 | 6     55555555
```

可以这样解释茎叶图的结果:如果我们想知道有多少观测记录大于 30,答案是 8,管道符左边代表十位数,右边代表个位数,所以对应的数字是 30、31、32、33、39、42、46。

3.1.12 词云

词云是需要展示文本数据时优先考虑的可视化方法。比如，通过展示一堆文本文件中频繁出现的少量词汇可以归结出讨论的主题。所以，词云展示是对于非结构化文本数据的一个图形概览，主要应用于展示社交网络中的发帖，比如 Twitter 贴、Facebook 贴等。在创建词云前有很多预处理任务，文本挖掘训练最后输出的是一个由词语和相应频率组成的数据框：

```
#Word cloud representation
library(wordcloud)
words<-c("data","data mining","analytics","statistics","graphs",
"visualization","predictive analytics","modeling","data science",
"R","Python","Shiny","ggplot2","data analytics")
freq<-c(123,234,213,423,142,145,156,176,214,218,213,234,256,324)
d<-data.frame(words,freq)
set.seed(1234)
wordcloud(words = d$words, freq = d$freq, min.freq = 1,c(8,.3),
max.words=200, random.order=F, rot.per=0.35,
colors=brewer.pal(7, "Dark2"))
```

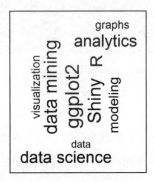

3.1.13 锯齿图

锯齿图，也称作极坐标图或玫瑰图，是饼图和条状图的结合体。每个区域根据区域值通过改变半径来调整面积。任何人都不需要具备任何技术知识就可以通过使用锯齿图理解其背后的意义：

```
> #coxcomb chart = bar chart + pie chart
> cox<- ggplot(Cars93, aes(x = factor(Type))) +
+ geom_bar(width = 1, colour = "goldenrod1",fill="darkviolet")
> cox + coord_polar()
```

第 3 章 可视化 diamond 数据集 ❖ 77

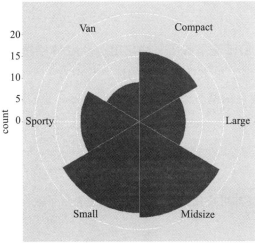

通过改变极坐标测度（即参数 theta）可以得到一个新的锯齿图：

```
> #coxcomb chart = bar chart + pie chart
> cox<- ggplot(Cars93, aes(x = factor(Type))) +
+ geom_bar(width = 1, colour = "goldenrod1",fill="darkred")
> cox + coord_polar()
> #a second variant of coxcomb plot
> cox + coord_polar(theta = "y")
```

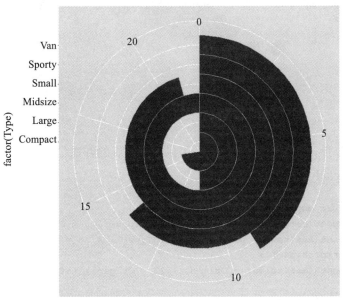

3.2 使用 plotly

到目前为止，我们已经了解了一些应用 ggplot2 库绘图的场景。为了将绘图引申至新的水平，R 提供了很多可供使用的库。其中有一个名为 plotly 的库，它是一个在 JavaScript 库上建立的基于浏览器的交互图表库。我们来看一些使用了 plotly 的例子：

3.2.1 气泡图

气泡图是一种漂亮的可视化图形，气泡的大小表示了数据集中每一个变量的权重。我们来看下面这幅图：

```
> #Bubble plot using plotly
> plot_ly(Cars93, x = Length, y = Width, text = paste("Type: ", Type),
+ mode = "markers", color = Length, size = Length)
```

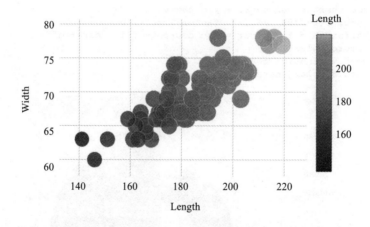

将 ggplot2 和 plotly 结合起来使用，可以实现很好的可视化效果。这两个库的功能都嵌入在了 ggplotly 库中：

```
> #GGPLOTLY: ggplot plus plotly
> p <- ggplot(data = Cars93, aes(x = Horsepower, y = Price)) +
+ geom_point(aes(text = paste("Type:", Type)), size = 2,
color="darkorchid4") +
+ geom_smooth(aes(colour = Origin, fill = Origin)) + facet_wrap(~ Origin)
>
> (gg <- ggplotly(p))
```

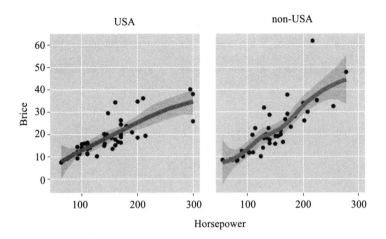

3.2.2 用 plotly 画条状图

用 plotly 画的条状图比 R 中已有的常规条状图看上去要智能一些,作为一项基本功能,我们看下面这张图:

```
> p <- plot_ly(
+ x = Type,
+ y = Price,
+ name = "Price by Type",
+ type = "bar")
> p
```

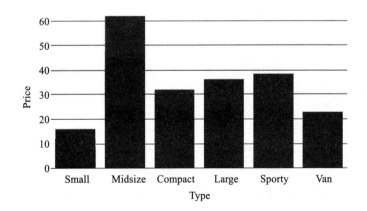

3.2.3 用 plotly 画散点图

要显示两个连续变量,可以使用散点图。我们来看下面的数据展现:

```
> # Simple scatterplot
> library(plotly)
> plot_ly(data = Cars93, x = Horsepower, y = MPG.highway, mode = "markers")
> #Scatter Plot with Qualitative Colorscale
> plot_ly(data = Cars93, x = Horsepower, y = MPG.city, mode = "markers",
+ color = Type)
```

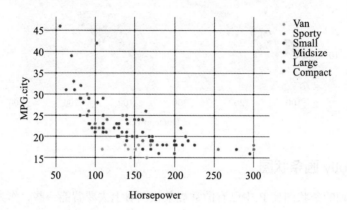

3.2.4 用 plotly 画盒状图

用 plotly 库画一些有意思的盒状图，示例如下：

```
> #Box Plots
> library(plotly)
> ### basic boxplot
> plot_ly(y = MPG.highway, type = "box") %>%
+ add_trace(y = MPG.highway)
```

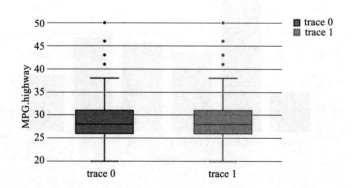

```
> ### adding jittered points
> plot_ly(y = MPG.highway, type = "box", boxpoints = "all", jitter = 0.3,
+ pointpos = -1.8)
```

第 3 章 可视化 diamond 数据集 ❖ 81

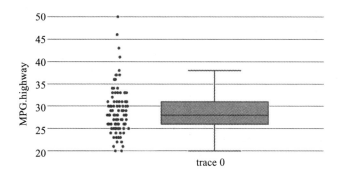

```
> ### several box plots
> plot_ly(Cars93, y = MPG.highway, color = Type, type = "box")
```

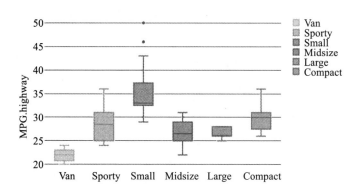

```
> ### grouped box plots
> plot_ly(Cars93, x = Type, y = MPG.city, color = AirBags, type = "box")
%>%
+ layout(boxmode = "group")
```

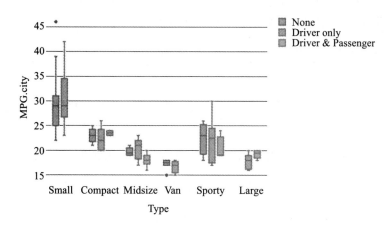

3.2.5 用 plotly 画极坐标图

使用 plotly 来实现极坐标可视化看上去更有意思。因为当你在图标上移动鼠标指针时，数值变得可见，模式之间的差异也会被识别出来。我们来看下面的代码：

```
> #Polar Charts in R
> library(plotly)
pc <- plot_ly(Cars93, r = Price, t = RPM, color = AirBags,
mode = "lines",colors='Set1')
layout(pc, title = "Cars Price by RPM", orientation = -90,
font='bold')
```

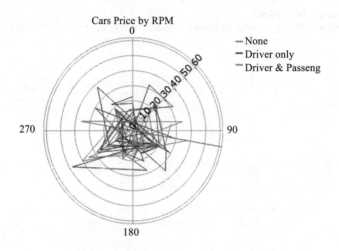

3.2.6 用 plotly 画极坐标散点图

使用 plotly 库，用户可创建一个额外的图表类型，即极坐标散点图。与二维的散点图不同，极坐标散点图中的数据点是以圆圈风格呈现的：

```
> #Polar Scatter Chart
pc <- plot_ly(Cars93, r = Price, t = Horsepower, color = Type,opacity =
0.7,
mode = "markers",colors = 'Dark2')
layout(pc, title = "Price of Cars by Horsepower",plot_bgcolor =
toRGB("coral"),
font='bold')
```

这张极坐标散点图呈现的是不同马达的汽车价格，用颜色表明汽车类型，用环数表示近似或相近度，从图中可见一个中等大小的汽车与其他类型的汽车明显有很大差异。

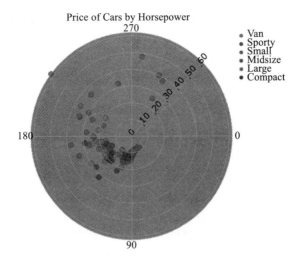

3.2.7 极坐标分区图

极坐标分区图在其他一些封装包中也称作雷达图或锯齿图。以下代码呈现的是不同汽车类型之间汽车价格和汽车马达的关系：

```
> #Polar Area Chart
pc <- plot_ly(Cars93, r = Price, t = Horsepower, color = Type, type = "area")
layout(pc,title = "Price of Cars by Horsepower",orientation = 270,
plot_bgcolor = toRGB("tan"),font='bold')
```

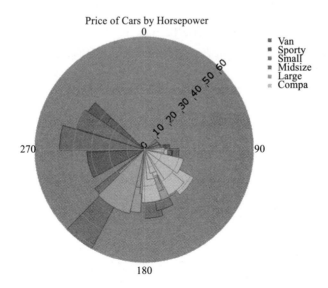

3.3 创建地理制图

地理制图是数据挖掘专家在数据集包含地理位置信息时使用的一种图表。地理制图由 ggmap 库支持。位置信息可通过三种不同的方式获得：

- 通过地方名、位置名和地址。
- 通过地方的纬度和经度。
- 通过确切的地方、左下经度、左下纬度、右上经度和左上经度。

一旦确定了地理位置，可使用 ggmap 函数将位置标注在地图上：

```
>library(ggmap)
>gc <- geocode("statue of liberty", source = "google")
>googMap <- get_googlemap(center = as.numeric(gc))
>(bb <- attr(googMap, "bb"))
>bb2bbox(bb)
>gc<-get_map(location = c(lon = gc$lon, lat = gc$lat))
>ggmap(gc)
```

小结

本章介绍了各种类型的图表。我们简短地讨论了创建这些图表的语法，以及在何处使用哪种类型的图表。通过创建可视化显示来向受众阐释洞见和信息是一种技能。这需要时间和经验才能日臻完美。在本章中，我们只了解了数据挖掘领域最重要的可视化方法，其实在做创意性演示时有大量的图表可供选择。所以通过本章的学习，读者已知道了数据可视化的规则，以及数据挖掘所使用的用以展现变量之间关系、理解不同的变量分布的图表类型。与此同时，读者通过使用两个重要的数据可视化库——ggplot2 和 plotly 也获得了实践经验。在下一章中，我们将介绍不同回归方法的应用、诠释回归结果以及可视化回归结果等内容，以帮助读者理解变量之间的关系。

第 4 章　Chapter 4

用汽车数据做回归

数据挖掘项目的重要目的之一是理解不同变量之间的关系以及建立目的变量与其他解释变量之间的因果关系。在数据挖掘项目中，实施预测分析不仅能揭示数据集中的隐藏信息，也有助于做出可能影响业务成果的未来决策。在本章中，读者将通过使用回归方法习得预测分析基础，其中包含基于 R 语言的一些线性和非线性回归方法。读者将理解理论背景，还能通过 R 语言实施回归方法获得实战经验。

本章主要介绍以下内容：

- 构建回归。
- 线性回归。
- Logical 回归。
- 三次回归。
- 逐步回归。
- 惩罚回归。

4.1　回归引论

回归方法有助于预测一个目标变量的未来值。作为例子，这里有一些商业案例：

- 在销售和营销领域，一个商品如何才能大幅提高销量？我们是否能够通过改变销售的一个驱动因素成功预测？
- 在零售领域，我们是否能预测一个网站的访客量，从而安排需要的技术支持来将网站经营得更好？
- 一个零售/网店店主如何预测其商店一个月/周/年后足球的数量？
- 在银行领域，一家银行如何预测申请房贷、车贷和个人贷款的人数，从而可以维持资产支持供求？
- 在汽车制造领域，每辆汽车的销售额间接地与汽车价格成比例，而汽车价格由很多因素决定，比如不同金属/原件的使用以及各种汽车特性（比如 RPM、里程数、车长、车宽等）。那么，制造商如何预测单元销售额？

可以用不同的方法来实施回归，包括线性的和非线性的。基于回归的预测分析在不同行业有着不同的应用。回归方法支持对连续变量的预测、对变量成功或失败的概率预测、基于特征对事件的预测等。

4.1.1 建立回归问题

建立回归问题是创建基于回归的预测模型的关键。一种建立优质预测模型的经典方法就是将业务问题转换为统计问题，再将统计问题转换成统计解决方案，最后将统计解决方案转换为业务解决方案。基于回归方法建立优质预测模型的所需步骤如下：

- 对背景或上下文的清晰理解是必需的。有时，一个好的预测模型从业务角度看来没有任何意义。但是，业务相关的预测模型也有可能不是一个好的预测模型。
- 对目标需要有清晰的了解：你在预测什么？为什么要预测？专业领域知识是必需的。大部分情况下，无关的特征会被添加到模型中，这种做法没有实际含义，因为它们只是呈现相关性。
- 对相关和回归的理解很重要。人们经常将相关或关联关系误解为回归。"所有回归也许都呈现因果关系，反之则不一定成立"。
- 将商业问题转换为统计问题时需要小心谨慎，这样假设和业务理解才能在模型中得到保证。

初步的数据探索揭示了变量之间的关系，从而可以将变量筛选到一个预测模型中。探索性数据分析包括一元、二元和多元数据分析。缺失值插补、离群点处理以及错误数据移除在做回归之前的预处理中同等重要。

4.1.2 案例学习

我们将以 Cars93_1.csv 和 ArtPiece_2.csv 这两个数据集为例,通过详细分析哪种场景下使用什么回归来阐解不同的回归方法。对每一种回归方法,我们都会学习假设、局限、数学构建和阐释结果。

4.2 线性回归

线性回归模型用于解释一个因变量 Y 和一个或多个自变量 X 之间的关系,自变量也被称作输入变量或预测变量。下面两个等式表示了一个线性回归场景:

$$Y = f(X) + \varepsilon \quad (1)$$

$$Y = f(X_1, X_2 \cdots, X_n) + \varepsilon \quad (2)$$

等式 1 显示了一个简单的线性回归公式,而等式 2 显示了可包含很多自变量的多元线性回归等式。因变量必须是一个连续变量,自变量可以是连续型或分类型。我们将以 Cars93_1.csv 数据集为例讲解多元回归分析,其中因变量是汽车价格,其他变量是解释变量。回归分析包括:

- 通过已有的自变量预测因变量的未来值
- 评估模型拟合统计量和对比多种模型
- 阐释系数从而理解变化对因变量的杠杆作用
- 自变量的相对重要性

回归模型的主要目的是测量 β 参数和最小化误差项 ε:

$$Y = (\beta_0 + \beta_1 X_1 + \beta_2 X_2 + \beta_3 X_3 \cdots \beta_n X_n) + \varepsilon \quad (3)$$

我们通过一个相关图来观察多个变量之间的关系:

```
#Scatterplot showing all the variables in the dataset
library(car);attach(Cars93_1)
> #12-"Rear.seat.room",13-"Luggage.room" has NA values need to remove them
> m<-cor(Cars93_1[,-c(12,13)])
> corrplot(m, method = "ellipse")
```

下图显示了多个变量之间的关系。从每个椭圆图我们能获知是何种关系:正相关或负相关,以及是强关联、中等关联或弱关联?相关图有助于决定保留哪些变量以作后续研究和移除哪些变量以作后续分析。深褐色椭圆(第一列最后一个椭圆)表示完全负相关,深蓝色椭圆(第三列最后一个椭圆)表示完全正相关。椭圆越窄,相关性越高。

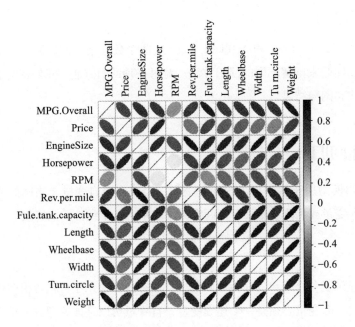

由于数据集的变量太多，读取散点图变得困难，所以，所有变量的相关性可用如下的相关图展示：

粗体蓝色的相关系数（如第三列最后一个数）表示较高的正相关性，红色的相关系数（如第一列最后一个数）则表示较高的负相关性。

线性回归的假设如下：

- **正态性**：预测模型的误差项应该遵循正态分布
- **线性**：预测的参数应该呈线性
- **独立性**：误差项应是独立的，也即非自相关
- **等方差**：误差项应是等分散性的
- **多元共线性**：自变量之间的相关性应是 0 或最小值

当拟合一个多元线性回归模型时，考虑以上假设尤为重要。我们来看多元线性回归分析的统计概述和诠释假设：

```
> #multiple linear regression model
> fit<-lm(MPG.Overall~.,data=Cars93_1)
> #model summary
> summary(fit)
Call:
lm(formula = MPG.Overall ~ ., data = Cars93_1)
Residuals:
Min 1Q Median 3Q Max
-5.0320 -1.4162 -0.0538 1.2921 9.8889
Coefficients:
Estimate Std. Error t value Pr(>|t|)
(Intercept) 2.808773 16.112577 0.174 0.86213
Price -0.053419 0.061540 -0.868 0.38842
EngineSize 1.334181 1.321805 1.009 0.31638
Horsepower 0.005006 0.024953 0.201 0.84160
RPM 0.001108 0.001215 0.912 0.36489
Rev.per.mile 0.002806 0.001249 2.247 0.02790 *
Fuel.tank.capacity -0.639270 0.262526 -2.435 0.01752 *
Length -0.059862 0.065583 -0.913 0.36459
Wheelbase 0.330572 0.156614 2.111 0.03847 *
Width 0.233123 0.265710 0.877 0.38338
Turn.circle 0.026695 0.197214 0.135 0.89273
Rear.seat.room -0.031404 0.182166 -0.172 0.86364
Luggage.room 0.206758 0.188448 1.097 0.27644
Weight -0.008001 0.002849 -2.809 0.00648 **
---
Signif. codes: 0 '***' 0.001 '**' 0.01 '*' 0.05 '.' 0.1 ' ' 1
Residual standard error: 2.835 on 68 degrees of freedom
(11 observations deleted due to missingness)
Multiple R-squared: 0.7533, Adjusted R-squared: 0.7062
F-statistic: 15.98 on 13 and 68 DF, p-value: 7.201e-16
```

以上的多元线性回归模型使用了所有自变量，我们预测的是每加仑行车里程数 MPG.Overall 变量。从模型概述得知，少部分自变量在 95% 置信水平有显著差异。R

方的系数（也称作回归模型拟合度）为 75.33%。这意味着因变量变动的 75.33% 由所有自变量诠释。计算多重 R^2 的公式如下：

$$R^2 = 1 - \frac{\sum (\hat{y}_i - y_i)}{\sum (y_i - \overline{y}_i)^2} \tag{4}$$

公式 4 计算了决定系数或由回归模型解释的方差百分比。划分一个好的回归模型的基线是至少 80% 的 R^2 值，只要 R^2 值超过 80%，就被认为是非常好的回归模型。因为现在 R^2 小于 80%，我们需要对回归结果实施一些诊断测试。

模型的预测 β 系数：

```
> #estimated coefficients
> fit$coefficients
(Intercept) Price EngineSize Horsepower
2.808772930 -0.053419142 1.334180881 0.005005690
RPM Rev.per.mile Fuel.tank.capacity Length
0.001107897 0.002806093 -0.639270186 -0.059861997
Wheelbase Width Turn.circle Rear.seat.room
0.330572119 0.233123382 0.026694571 -0.031404262
Luggage.room Weight
0.206757968 -0.008001444
#residual values
fit$residuals
#fitted values from the model
fit$fitted.values
#what happened to NA
fit$na.action
> #ANOVA table from the model
> summary.aov(fit)
 Df Sum Sq Mean Sq F value Pr(>F)
Price 1 885.7 885.7 110.224 7.20e-16 ***
EngineSize 1 369.3 369.3 45.959 3.54e-09 ***
Horsepower 1 37.4 37.4 4.656 0.03449 *
RPM 1 38.8 38.8 4.827 0.03143 *
Rev.per.mile 1 71.3 71.3 8.877 0.00400 **
Fuel.tank.capacity 1 147.0 147.0 18.295 6.05e-05 ***
Length 1 1.6 1.6 0.203 0.65392
Wheelbase 1 35.0 35.0 4.354 0.04066 *
Width 1 9.1 9.1 1.139 0.28969
Turn.circle 1 0.5 0.5 0.060 0.80774
Rear.seat.room 1 0.6 0.6 0.071 0.79032
Luggage.room 1 9.1 9.1 1.129 0.29170
Weight 1 63.4 63.4 7.890 0.00648 **
Residuals 68 546.4 8.0
---
Signif. codes: 0 '***' 0.001 '**' 0.01 '*' 0.05 '.' 0.1 ' ' 1
11 observations deleted due to missingness
```

由以上的**方差分析**（ANOVA）表得知，观察得到变量 Length、Width、turn circle、rear seat room 和行李箱（luggage room）在 5% 显著性水平都没有显著差异。在回归模型上，实施方差分析对于了解哪个自变量对因变量有显著贡献至关重要。

```
> #visualizing the model statistics
> par(mfrow=c(1,2))
> plot(fit, col="dodgerblue4")
```

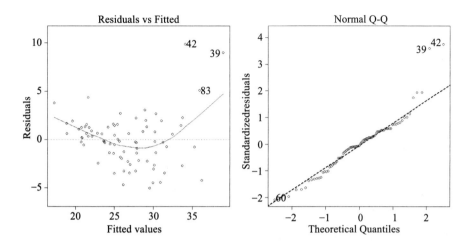

余项对比拟合图显示了当拟合线移动时余项值的随机性。如果余项值显示出与拟合值相关的任何模式,误差项就不太可能是正态的。余项对比拟合图表明余项值没有规律,是近似正态分布的。简单地说,余项就是模型中无法被模型解释的部分。有少数造成影响的数据点,如上图中的第 42 个、第 39 个和第 83 个数据点,正态分位图表明除少数影响点以外其余标准余项点服从正态分布。图中的直线是零余项线,而曲线显示的是余项与拟合值的关联规律。比例对比位置图以及余项对比杠杆值图也验证了余项没有趋势的观测。规模对比位置图选取了标准余项的平方根并画出了相应拟合值:

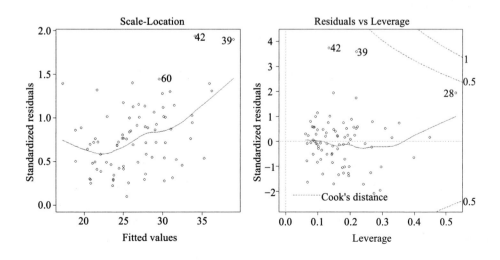

模型参数在 95% 置信水平的置信区间可由下面的代码算得，所有拟合值在 95% 置信水平的预测区间也可由下面的代码算得。计算置信区间的公式是模型的系数加/减模型参数的标准误差并乘以 1.96：

```
> confint(fit,level=0.95)
                 2.5 %        97.5 %
(Intercept) -2.934337e+01  34.960919557
Price       -1.762194e-01   0.069381145
EngineSize  -1.303440e+00   3.971801771
Horsepower  -4.478638e-02   0.054797758
RPM         -1.315704e-03   0.003531499
Rev.per.mile 3.139667e-04   0.005298219
Fuel.tank.capacity -1.163133e+00 -0.115407347
Length      -1.907309e-01   0.071006918
Wheelbase    1.805364e-02   0.643090600
Width       -2.970928e-01   0.763339610
Turn.circle -3.668396e-01   0.420228772
Rear.seat.room -3.949108e-01  0.332102243
Luggage.room -1.692837e-01   0.582799642
Weight      -1.368565e-02  -0.002317240
> head(predict(fit,interval="predict"))
       fit      lwr      upr
1 31.47382 25.50148 37.44615
2 24.99014 18.80499 31.17528
3 22.09920 16.09776 28.10064
4 21.19989 14.95606 27.44371
5 21.62425 15.37929 27.86920
6 27.89137 21.99947 33.78328
```

影响数据点或离群点的存在可能会使模型结果有偏差，所以识别和处理回归模型中的离群点非常重要：

```
# Deletion Diagnostics
influence.measures(fit)
```

此函数属于 stats 库，用于计算线性和广义模型的一些回归诊断。任何带有星号（*）标记的观测值表示这是一个离群点，可将其移除来让模型变得更好：

```
# Index Plots of the influence measures
influenceIndexPlot(fit, id.n=3)
```

影响数据点由它们在数据集中的位置标记。为了深入了解这些影响数据点，我们可以编写如下命令。由 Cook 距离值确定的圆圈的大小表明了影响力的强弱。Cook 距离是一种用于识别那些比其他数据点更有影响的数据点的统计方法。

通常来说，这些数据点离数据集中其他数据点较远，无论是离因变量还是一个以上的自变量：

第 4 章 用汽车数据做回归 ❖ 93

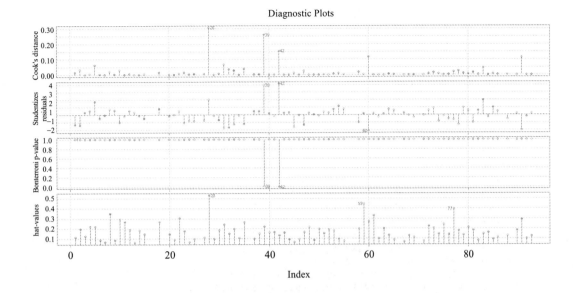

```
> # A user friendly representation of the above
> influencePlot(fit,id.n=3, col="red")
    StudRes       Hat     CookD
28  1.9902054  0.5308467  0.55386748
39  3.9711522  0.2193583  0.50994280
42  4.1792327  0.1344866  0.39504695
59  0.1676009  0.4481441  0.04065691
60 -2.1358078  0.2730012  0.34097909
77 -0.6448891  0.3980043  0.14074778
```

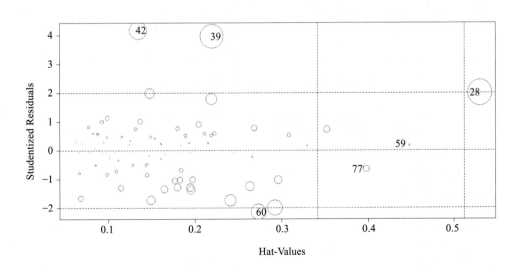

如果将这些影响点从模型中移除，我们可以看到模型的拟合度有所改善，模型总体

的误差也会降低。一次性移除所有影响点不是个好主意，所以我们会逐步地从模型中删除这些影响点，然后观察模型统计量的改善：

```
> ## Regression after deleting the 28th observation
> fit.1<-lm(MPG.Overall~., data=Cars93_1[-28,])
> summary(fit.1)
Call:
lm(formula = MPG.Overall ~ ., data = Cars93_1[-28, ])
Residuals:
Min 1Q Median 3Q Max
-5.0996 -1.7005 0.4617 1.4478 9.4168

Coefficients:
Estimate Std. Error t value Pr(>|t|)
(Intercept) -6.314222 16.425437 -0.384 0.70189
Price -0.014859 0.063281 -0.235 0.81507
EngineSize 2.395780 1.399569 1.712 0.09156 .
Horsepower -0.022454 0.028054 -0.800 0.42632
RPM 0.001944 0.001261 1.542 0.12789
Rev.per.mile 0.002829 0.001223 2.314 0.02377 *
Fuel.tank.capacity -0.640970 0.256992 -2.494 0.01510 *
Length -0.065310 0.064259 -1.016 0.31311
Wheelbase 0.407332 0.158089 2.577 0.01219 *
Width 0.204212 0.260513 0.784 0.43587
Turn.circle 0.071081 0.194340 0.366 0.71570
Rear.seat.room -0.004821 0.178824 -0.027 0.97857
Luggage.room 0.156403 0.186201 0.840 0.40391
Weight -0.008597 0.002804 -3.065 0.00313 **
---
Signif. codes: 0 '***' 0.001 '**' 0.01 '*' 0.05 '.' 0.1 ' ' 1
Residual standard error: 2.775 on 67 degrees of freedom
(11 observations deleted due to missingness)
Multiple R-squared: 0.7638, Adjusted R-squared: 0.718
F-statistic: 16.67 on 13 and 67 DF, p-value: 3.39e-16
```

删除最具影响力的数据点后，回归的输出结果呈现显著提升，R^2 值由 75.33% 上升至 76.38%。我们来重复相同的操作，然后查看模型结果：

```
> ## Regression after deleting the 28,39,42,59,60,77 observations
> fit.2<-lm(MPG.Overall~., data=Cars93_1[-c(28,42,39,59,60,77),])
> summary(fit.2)
Call:
lm(formula = MPG.Overall ~ ., data = Cars93_1[-c(28, 42, 39,
59, 60, 77), ])
Residuals:
Min 1Q Median 3Q Max
-3.8184 -1.3169 0.0085 0.9407 6.3384
Coefficients:
Estimate Std. Error t value Pr(>|t|)
(Intercept) 21.4720002 13.3375954 1.610 0.11250
Price -0.0459532 0.0589715 -0.779 0.43880
EngineSize 2.4634476 1.0830666 2.275 0.02641 *
```

```
Horsepower  -0.0313871  0.0219552  -1.430  0.15785
RPM  0.0022055  0.0009752  2.262  0.02724 *
Rev.per.mile  0.0016982  0.0009640  1.762  0.08307 .
Fuel.tank.capacity  -0.6566896  0.1978878  -3.318  0.00152 **
Length  -0.0097944  0.0613705  -0.160  0.87372
Wheelbase  0.2298491  0.1288280  1.784  0.07929 .
Width  -0.0877751  0.2081909  -0.422  0.67477
Turn.circle  0.0347603  0.1513314  0.230  0.81908
Rear.seat.room  -0.2869723  0.1466918  -1.956  0.05494 .
Luggage.room  0.1828483  0.1427936  1.281  0.20514
Weight  -0.0044714  0.0021914  -2.040  0.04557 *
---
Signif. codes: 0 '***' 0.001 '**' 0.01 '*' 0.05 '.' 0.1 ' ' 1
Residual standard error: 2.073 on 62 degrees of freedom
  (11 observations deleted due to missingness)
Multiple R-squared: 0.8065,  Adjusted R-squared: 0.7659
F-statistic: 19.88 on 13 and 62 DF,  p-value: < 2.2e-16
```

观察以上输出，我们可以得出结论，即离群点或者影响点的移除给 R^2 值增加了稳健度。现在我们可以确定因变量 80.65% 的变动可由模型中的所有自变量解释。

现在，利用正态分位图中的 studentised 余项值与 t 分位数的关系，我们可以识别更多的离群数据点，从而提升模型准确度：

```
> # QQ plots of studentized residuals, helps identify outliers
> qqPlot(fit.2, id.n=5)
91 32 55  5 83
 1  2 74 75 76
```

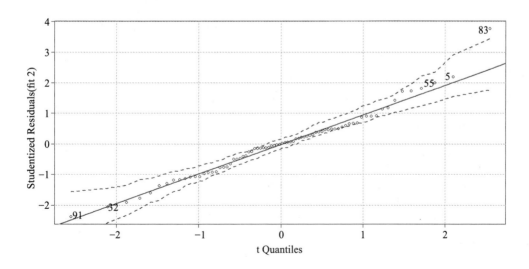

从上面的正态分位图可见，除了少数离群点，如第 83 个、第 91 个、第 32 个、第 55 个和第 5 个数据点，数据几乎是呈正态分布的：

```
> ## Diagnostic Plots ###
> influenceIndexPlot(fit.2, id.n=3)
> influencePlot(fit.2, id.n=3, col="blue")
    StudRes        Hat      CookD
5   2.1986298 0.2258133 0.30797166
8  -0.1448259 0.4156467 0.03290507
10 -0.7655338 0.3434515 0.14847534
83  3.7650470 0.2005160 0.45764995
91 -2.3672942 0.3497672 0.44770173
```

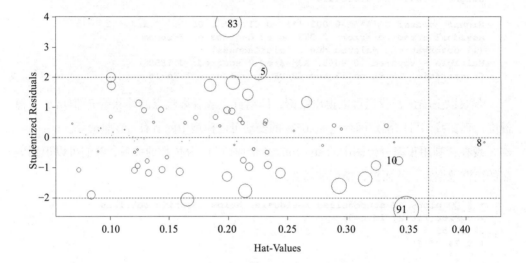

最终的回归模型需要对多元共线性问题（也即预测变量之间的相关性）进验证。**方差膨胀因子（VIF）**是拿来估算多元共线性的常用测量方法。计算 VIF 的公式是 $1/(1-R^2)$。任何一个 VIF 值超过 10 的自变量表示有多元共线性，所以这样的变量需要从模型中移除。一次删除一个变量，再检查模型的 VIF，这是最佳方法：

```
> ### Variance Inflation Factors
> vif(fit.2)
         Price      EngineSize     Horsepower            RPM
      4.799678       20.450596      18.872498       5.788160
  Rev.per.mile Fuel.tank.capacity        Length      Wheelbase
      3.736889        5.805824      15.200301      11.850645
         Width     Turn.circle Rear.seat.room   Luggage.room
     10.243223        4.006895       2.566413       2.935853
        Weight
     24.977015
```

变量 Weight 有最大的 VIF，所以有理由删除这个变量。移除这个变量之后，再重新建模计算 VIF 值：

```
## Regression after deleting the weight variable
fit.3<-lm(MPG.Overall~ Price+EngineSize+Horsepower+RPM+Rev.per.mile+
Fuel.tank.capacity+Length+Wheelbase+Width+Turn.circle+
Rear.seat.room+Luggage.room, data=Cars93_1[-c(28,42,39,59,60,77),])
summary(fit.3)
> vif(fit.3)
Price EngineSize Horsepower RPM
4.575792 20.337181 15.962349 5.372388
Rev.per.mile Fuel.tank.capacity Length Wheelbase
3.514992 4.863944 14.574352 11.013850
Width Turn.circle Rear.seat.room Luggage.room
10.240036 3.965132 2.561947 2.935690
## Regression after deleting the Enginesize variable
fit.4<-lm(MPG.Overall~ Price+Horsepower+RPM+Rev.per.mile+
Fuel.tank.capacity+Length+Wheelbase+Width+Turn.circle+
Rear.seat.room+Luggage.room, data=Cars93_1[-c(28,42,39,59,60,77),])
summary(fit.4)
vif(fit.4)
## Regression after deleting the Length variable
fit.5<-lm(MPG.Overall~ Price+Horsepower+RPM+Rev.per.mile+
Fuel.tank.capacity+Wheelbase+Width+Turn.circle+
Rear.seat.room+Luggage.room, data=Cars93_1[-c(28,42,39,59,60,77),])
summary(fit.5)
> vif(fit.5)
Price Horsepower RPM Rev.per.mile
4.419799 8.099750 2.595250 3.232048
Fuel.tank.capacity Wheelbase Width Turn.circle
4.679088 8.231261 7.953452 3.357780
Rear.seat.room Luggage.room
2.393630 2.894959
The coefficients from the final regression model:
> coefficients(fit.5)
(Intercept) Price Horsepower RPM
29.029107454 -0.089498236 -0.014248077 0.001071072
Rev.per.mile Fuel.tank.capacity Wheelbase Width
0.001591582 -0.769447316 0.130876817 -0.047053999
Turn.circle Rear.seat.room Luggage.room
-0.072030390 -0.240332275 0.216155256
```

现在我们能下结论说上面的回归模型没有多元共线性了。可以将最后的多线性回归等式为如下样式：

$MPG.Overall = 29.03 - 0.09 * Price - 0.014 * Horsepower + 0.001 * RPM + 0.001 * Rev.per.mile - 0.769 * Fuel.tank.capacity + 0.131 * Wheelbase + 0.047 * Width$

预测模型参数可理解为，价格变量的每单元变动预计会改变 0.09 个单元的 MPG 变量。与此类似，预测的模型系数可如此被其他自变量解释。如果知道这些自变量的值，我们就能够利用上面的等式预测因变量 MPG 整体的似然值。

4.3 通过逐步回归法进行变量选取

在逐步回归法中，一个简单的回归模型由 OLS 估算法构建。因此，一个变量是添加还是从简单模型中移除取决于**赤池信息量准则（AIC）**。标准规则是最小的 AIC 会确定该拟合与其他方法相较为最佳。以 Cars93_1.csv 文件为例，我们采用逐步回归法创建一个多线性回归模型。有三种使用逐步公式的方法来测得最佳模型：

- 向前筛选法
- 向后筛选法
- 结合两者

在向前筛选法中，先创建一个空模型，然后添加变量以观察 AIC 值是否有任何提升。添加自变量到空模型中直到 AIC 值有提升。在向后筛选法中，取全模型作为基础模型。移除模型中的自变量然后检查 AIC 值。如果 AIC 值有提升，移除变量，重复这个过程直至 AIC 达到最小值。在将这两种方法结合起来使用时，从向前和向后筛选法中二者选一，用于识别最相关的模型。我们来看第一次遍历时的模型结果：

```
> #base model
> fit<-lm(MPG.Overall~.,data=Cars93_1)
> #stepwise regression
> model<-step(fit,method="both")

Start: AIC=183.52
MPG.Overall ~ Price + EngineSize + Horsepower + RPM + Rev.per.mile +
    Fuel.tank.capacity + Length + Wheelbase + Width + Turn.circle +
    Rear.seat.room + Luggage.room + Weight
                     Df Sum of Sq    RSS    AIC
- Turn.circle         1     0.147 546.54 181.54
- Rear.seat.room      1     0.239 546.64 181.56
- Horsepower          1     0.323 546.72 181.57
- Price               1     6.055 552.45 182.43
- Width               1     6.185 552.58 182.45
- RPM                 1     6.686 553.08 182.52
- Length              1     6.695 553.09 182.52
- EngineSize          1     8.186 554.58 182.74
- Luggage.room        1     9.673 556.07 182.96
<none>                            546.40 183.52
- Wheelbase           1    35.799 582.20 186.73
- Rev.per.mile        1    40.565 586.96 187.40
- Fuel.tank.capacity  1    47.646 594.04 188.38
- Weight              1    63.400 609.80 190.53
```

开始时，AIC 值为 183.52。在最终模型中，AIC 值为 175.51，共有如下 6 个自变量：

```
Step: AIC=175.51
MPG.Overall ~ EngineSize + RPM + Rev.per.mile + Fuel.tank.capacity +
    Wheelbase + Width + Luggage.room + Weight
                     Df Sum of Sq    RSS    AIC
- Luggage.room        1      8.976 568.78 174.82
- Width               1     12.654 572.46 175.34
<none>                            559.81 175.51
- EngineSize          1     14.022 573.83 175.54
- RPM                 1     19.422 579.23 176.31
- Wheelbase           1     28.477 588.28 177.58
- Rev.per.mile        1     37.873 597.68 178.88
- Fuel.tank.capacity  1     52.516 612.32 180.86
- Weight              1    135.462 695.27 191.28
```

在上面的代码中，"none"表明这一步即是最终模型，不可能再调参或筛选变量。所以，此后无法再移除更多变量。

4.4 Logistic 回归

基于普通最小二乘法的线性回归模型假设因变量与自变量之间呈线性关系，而 Logistic 回归模型假设它们呈对数关系。很多现实生活中感兴趣的变量本身就是分类变量，比如是否购买一个商品、是否审批通过一张信用卡、肿瘤是否癌变等。Logistic 回归不仅预测一个因变量分类，也预测一个实例属于因变量中一个水平的概率。自变量不需要呈正态分布，也不需要有相同的方差。Logistic 回归属于广义线性模型家族。如果因变量有两个水平，则可使用 Logistic 回归，但是如果它含两个以上水平，比如高、中、低，这时可以使用多元正态 Logistic 回归模型。所有自变量可以是连续的、分类的或者正态的。

Logistic 回归模型可由以下等式解释：

$$\ln\left[\frac{P(Y)}{1-P(Y)}\right] = (\beta_0+\beta_1 X_1+\beta_2 X_2+\beta_3 X_3\cdots\beta_n X_n)+ \varepsilon \quad (5)$$

$\ln[P(Y)/1-P(Y)]$ 是结果概率的对数。等式中提到的 β 系数表明随着解释变量的每单元的增长或降低，结果变量的概率对数是如何增长或降低的。

我们以 Artpiece.csv 数据集为例，因变量为是否是一次成功的购买，需要由自变量预测。

对一个 Logistic 回归模型来说，因变量需要是一个有两个水平的二进制变量。如果不是，那首要任务是将因变量转换为二进制。而对于自变量，重要的是检查其类型和水平。如果一些自变量是分类变量，则二进制转换（给每个分类创建虚拟变量）是必不可少的。所以这里将对 Logistic 回归模型做必要的数据格式转换：

```
> #data conversion
> Artpiece$IsGood.Purchase<-as.factor(Artpiece$IsGood.Purchase)
> Artpiece$Is.It.Online.Sale<-as.factor(Artpiece$Is.It.Online.Sale)
> #removing NA, Missing values from the data
> Artpiece<-na.omit(Artpiece)
> ## 75% of the sample size
> smp_size <- floor(0.75 * nrow(Artpiece))
> ## set the seed to make your partition reproducible
> set.seed(123)
> train_ind <- sample(seq_len(nrow(Artpiece)), size = smp_size)
> train <- Artpiece[train_ind, ]
> test <- Artpiece[-train_ind, ]
```

train 数据集用于创建 Logistic 回归模型，test 数据集将用于测试模型：

```
> #Logistic regression Model
> model1<-glm(IsGood.Purchase ~.,family=binomial(logit),data=train)
> #Model results/ components
> summary(model1)
Call:
glm(formula = IsGood.Purchase ~ ., family = binomial(logit),
    data = train)
Deviance Residuals:
Min 1Q Median 3Q Max
-2.1596 -0.4849 -0.4096 -0.3401 3.8760
Coefficients:
Estimate Std. Error z value Pr(>|z|)
(Intercept) -6.734e-01 1.250e+00 -0.539 0.58995
Critic.Ratings 1.372e-01 1.119e-02 12.267 < 2e-16 ***
Acq.Cost -7.998e-06 1.867e-06 -4.284 1.83e-05 ***
CurrentAuctionAveragePrice -1.460e-05 1.360e-06 -10.731 < 2e-16 ***
Brush.Size1 -1.378e+00 1.246e+00 -1.107 0.26840
Brush.Size2 -1.684e+00 1.246e+00 -1.352 0.17647
Brush.Size3 -1.128e+00 1.252e+00 -0.902 0.36730
Brush.SizeNULL 1.599e+00 1.246e+00 1.283 0.19946
CollectorsAverageprice -2.420e-05 4.677e-06 -5.175 2.28e-07 ***
Is.It.Online.Sale1 -1.710e-01 9.621e-02 -1.777 0.07552 .
Min.Guarantee.Cost 9.830e-06 3.329e-06 2.953 0.00314 **
---
Signif. codes: 0 '***' 0.001 '**' 0.01 '*' 0.05 '.' 0.1 ' ' 1
(Dispersion parameter for binomial family taken to be 1)
Null deviance: 40601 on 54500 degrees of freedom
Residual deviance: 34872 on 54490 degrees of freedom
AIC: 34894
Number of Fisher Scoring iterations: 5
```

由以上模型结果可知，除分类变量 brush 以外的所有自变量都在 5% 置信水平有显著差异。该模型自动给分类变量的每个水平创建虚拟变量。取分类变量的第一个水平与其他水平进行对比，如果该行属于这个分类，则模型参数为 1；否则，为 0.95% 的置信区间，指数化模型参数可由下面代码计算。等式左边包含自然对数，为了消除它，我们需要将等式右边（即模型参数）取指数：

```
> # 95% CI for exponentiated coefficients
> exp(confint(model1))
Waiting for profiling to be done...
                                 2.5 %       97.5 %
(Intercept)                   0.02301865   5.5660594
Critic.Ratings                1.12226719   1.1725835
Acq.Cost                      0.99998833   0.9999957
CurrentAuctionAveragePrice    0.99998274   0.9999881
Brush.Size1                   0.02326462   5.5558138
Brush.Size2                   0.01714345   4.0948557
Brush.Size3                   0.02953703   7.1850301
Brush.SizeNULL                0.45631813 109.1655370
CollectorsAverageprice        0.99996666   0.9999850
Is.It.Online.Sale1            0.69545357   1.0142229
Min.Guarantee.Cost            1.00000327   1.0000163
> confint(model1)
                                 2.5 %         97.5 %
(Intercept)                  -3.771450e+00  1.716687e+00
Critic.Ratings                1.153509e-01  1.592094e-01
Acq.Cost                     -1.166650e-05 -4.348562e-06
CurrentAuctionAveragePrice   -1.726348e-05 -1.193180e-05
Brush.Size1                  -3.760822e+00  1.714845e+00
Brush.Size2                  -4.066139e+00  1.409731e+00
Brush.Size3                  -3.522110e+00  1.972000e+00
Brush.SizeNULL               -7.845651e-01  4.692865e+00
CollectorsAverageprice       -3.333576e-05 -1.500118e-05
Is.It.Online.Sale1           -3.631910e-01  1.412267e-02
Min.Guarantee.Cost            3.268054e-06  1.631710e-05
```

ANOVA 可通过在 Logistic 回归模型的结果上执行卡方检验统计。由 ANOVA 得知 Logistic 回归的方差分析，我们可以得出结论，即当把更多的自变量纳入模型时，模型方差的改变是有显著差异的。逐步地将自变量添加到模型中，将每一步的误差项与前一步的偏差做对比，以判断添加或删除任何变量是否有助于降低模型误差：

```
> #ANOVA
> anova(model1,test="Chisq")
Analysis of Deviance Table
Model: binomial, link: logit
Response: IsGood.Purchase
Terms added sequentially (first to last)
                            Df Deviance Resid. Df Resid. Dev  Pr(>Chi)
NULL                                       54500     40601
Critic.Ratings               1    354.6   54499     40246   < 2.2e-16 ***
Acq.Cost                     1    477.8   54498     39768   < 2.2e-16 ***
CurrentAuctionAveragePrice   1    166.4   54497     39602   < 2.2e-16 ***
Brush.Size                   4   4690.9   54493     34911   < 2.2e-16 ***
```

```
CollectorsAverageprice 1 27.3 54492 34884 1.773e-07 ***
Is.It.Online.Sale 1 3.3 54491 34880 0.067877 .
Min.Guarantee.Cost 1 8.6 54490 34872 0.003417 **
---
Signif. codes:  0 '***' 0.001 '**' 0.01 '*' 0.05 '.' 0.1 ' ' 1
>
> #Plotting the model
> plot(model1$fitted)
```

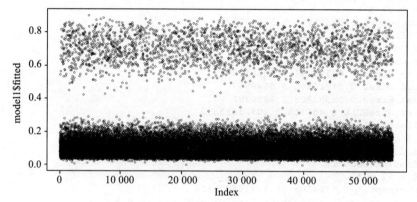

上图所示为一个回归模型中拟合值与真实值（索引）的对比图。模型中的预测概率可用 link 选项提取，class 预测值可用 response 选项提取，使用 predict 函数：

```
> #Predicted Probability
> test$goodP<-predict(model1,newdata=test,type="response")
> test$goodL<-predict(model1,newdata=test,type="link")
```

利用结合 AIC 标准的逐步回归方法，自动 Logistic 回归模型筛选可通过如下 3 种方法来完成：

- **向后筛选法**：所有自变量都纳入初始模型。使用 Wald 卡方显著性检验，从模型中移除最低卡方值或最高 p 值（在 95% 置信区间内超过 0.05）的变量。使用向后筛选法移除变量，直至不可能再找到符合 Wald 检验标准的变量。
- **向前筛选法**：模型初始于一个空模型。纳入一个变量的根据是它是否有 p 值或最高卡方检验值。当再也找到此类例子时，这个过程停止。
- **结合两者**：第三种方法是同时用向后筛选法和向前筛选法：

```
> #auto detection of model
> fit_step<-stepAIC(model1,method="both")
Start: AIC=34893.93
   IsGood.Purchase ~ Critic.Ratings + Acq.Cost + CurrentAuctionAveragePrice +
   Brush.Size + CollectorsAverageprice + Is.It.Online.Sale +
```

```
                Min.Guarantee.Cost
                Df Deviance   AIC
<none>             34872 34894
- Is.It.Online.Sale       1   34875 34895
- Min.Guarantee.Cost      1   34880 34900
- Acq.Cost                1   34890 34910
- CollectorsAverageprice  1   34898 34918
- CurrentAuctionAveragePrice 1 34988 35008
- Critic.Ratings          1   35025 35045
- Brush.Size              4   39554 39568
```

这里筛选变量用的是向后和向前结合筛选法。例如，第一步用到了向前筛选法，同时利用向后筛选检查所选变量是否可从模型中移除。

在应用逐步模型筛选时，需要谨记逐步方法的局限。有时会发生模型过拟合，有时虽然有大量的预测变量，但其中大部分的预测变量是高度相关的，这时使用逐步回归方法将会造成较大的变动和低准确率。为了解决这个问题，我们可以应用惩罚回归模型：

```
> summary(fit_step)
Call:
glm(formula = IsGood.Purchase ~ Critic.Ratings + Acq.Cost +
    CurrentAuctionAveragePrice +
    Brush.Size + CollectorsAverageprice + Is.It.Online.Sale +
    Min.Guarantee.Cost, family = binomial(logit), data = train)
Deviance Residuals:
Min  1Q Median  3Q  Max
-2.1596 -0.4849 -0.4096 -0.3401 3.8760
Coefficients:
Estimate Std. Error z value Pr(>|z|)
(Intercept) -6.734e-01 1.250e+00 -0.539 0.58995
Critic.Ratings 1.372e-01 1.119e-02 12.267 < 2e-16 ***
Acq.Cost -7.998e-06 1.867e-06 -4.284 1.83e-05 ***
CurrentAuctionAveragePrice -1.460e-05 1.360e-06 -10.731 < 2e-16 ***
Brush.Size1 -1.378e+00 1.246e+00 -1.107 0.26840
Brush.Size2 -1.684e+00 1.246e+00 -1.352 0.17647
Brush.Size3 -1.128e+00 1.252e+00 -0.902 0.36730
Brush.SizeNULL 1.599e+00 1.246e+00 1.283 0.19946
CollectorsAverageprice -2.420e-05 4.677e-06 -5.175 2.28e-07 ***
Is.It.Online.Sale1 -1.710e-01 9.621e-02 -1.777 0.07552 .
Min.Guarantee.Cost 9.830e-06 3.329e-06 2.953 0.00314 **
---
Signif. codes: 0 '***' 0.001 '**' 0.01 '*' 0.05 '.' 0.1 ' ' 1
(Dispersion parameter for binomial family taken to be 1)
    Null deviance: 40601 on 54500 degrees of freedom
Residual deviance: 34872 on 54490 degrees of freedom
AIC: 34894
Number of Fisher Scoring iterations: 5
```

在检查自变量之间的多元共线性时，我们用到了 VIF 测度。基于 AIC 的逐步确定，最终模型的 VIF 计算如下：

```
> library(MASS);library(plyr);library(car)
>
> vif(fit_step)
                              GVIF Df GVIF^(1/(2*Df))
Critic.Ratings              1.204411  1        1.097457
Acq.Cost                    2.582229  1        1.606932
CurrentAuctionAveragePrice  2.527691  1        1.589871
Brush.Size                  1.094967  4        1.011405
CollectorsAverageprice      1.084788  1        1.041532
Is.It.Online.Sale           1.007080  1        1.003534
Min.Guarantee.Cost          1.163249  1        1.078540
```

training 数据集的概率评分使用了响应（response）选项。概率评分可用于在 AUC 曲线上展现分类的结果，也称响应操作特征曲线（ROC）。

```
> train$prob=predict(fit_step,type=c("response"))
> library(pROC)
> g <- roc(IsGood.Purchase ~ prob, data = train)
> g
Call:
roc.formula(formula = IsGood.Purchase ~ prob, data = train)

Data: prob in 47808 controls (IsGood.Purchase 0) < 6693 cases
(IsGood.Purchase 1).
Area under the curve: 0.7201
> plot(g)
```

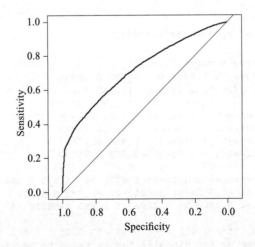

由模型绘出的曲线展现了曲线下方的面积。横坐标显示伪阳性率，纵坐标显示真阳性率。如果曲线下方面积超过 70%，则认为该模型为业界标准的好模型：

```
> #Label the prediction result above the certain threshold as Yes and No
> #Change the threshold value and check which give the better result.
> train$prob <- ifelse(prob > 0.5, "Yes", "No")
>
```

```
> #print the confusion matrix between the predicted and actual response on
testdata.
> t<-table(train$prob,train$IsGood.Purchase)
>
> #accuracy
> prop.table(t)
        0          1
No  0.86407589 0.09229188
Yes 0.01311903 0.03051320
```

分类表的概率阈值是 0.50(50%)。如果想改变正确分类对象的占比，那么可以给概率评分加一个过滤器。后面代码用不同的概率值创建混淆矩阵。由上面的分类表可知，90% 的人群被正确分类。

4.5 三次回归

三次回归是另一种回归方式，其中线性回归模型的参数提升到一次或二次多项式计算。使用 Cars93_1.csv 数据集，我们来理解三次回归：

```
> fit.6<-lm(MPG.Overall~ I(Price)^3+I(Horsepower)^3+I(RPM)^3+
+ Wheelbase+Width+Turn.circle, data=Cars93_1[-c(28,42,39,59,60,77),])
> summary(fit.6)
Call:
lm(formula = MPG.Overall ~ I(Price)^3 + I(Horsepower)^3 + I(RPM)^3 +
    Wheelbase + Width + Turn.circle, data = Cars93_1[-c(28, 42,
    39, 59, 60, 77), ])
Residuals:
   Min     1Q Median     3Q    Max
-5.279 -1.901 -0.006  1.590  8.433
Coefficients:
              Estimate Std. Error t value Pr(>|t|)
(Intercept)   57.078025  12.349300   4.622 1.44e-05 ***
I(Price)      -0.108436   0.065659  -1.652   0.1026
I(Horsepower) -0.024621   0.015102  -1.630   0.1070
I(RPM)         0.001122   0.000727   1.543   0.1268
Wheelbase     -0.201836   0.079948  -2.525   0.0136 *
Width         -0.104108   0.198396  -0.525   0.6012
Turn.circle   -0.095739   0.158298  -0.605   0.5470
---
Signif. codes:  0 '***' 0.001 '**' 0.01 '*' 0.05 '.' 0.1 ' ' 1
Residual standard error: 2.609 on 80 degrees of freedom
Multiple R-squared: 0.6974, Adjusted R-squared: 0.6747
F-statistic: 30.73 on 6 and 80 DF,  p-value: < 2.2e-16
> vif(fit.6)
I(Price) I(Horsepower)    I(RPM) Wheelbase   Width Turn.circle
4.121923    7.048971    2.418494  3.701812 7.054405  3.284228
> coefficients(fit.6)
(Intercept)    I(Price) I(Horsepower)    I(RPM)  Wheelbase     Width
57.07802478 -0.10843594  -0.02462074 0.00112168 -0.20183606 -0.10410833
```

```
Turn.circle
-0.09573848
```

使其他参数保持恒定，自变量的每单元改变会带来因变量的成倍改变，倍数是 β 系数的三次方。

4.6 惩罚回归

当回归模型中包含大量预测变量或高相关预测变量或两者都出现时，最大似然估计的局限就出现了，因其无法为回归问题提供更高的准确率，于是人们在数据挖掘中引入了惩罚回归。最大似然的特性之所以无法满足回归方法，是因为其较大的变动性和不恰当的解释。为了解决这个问题，最相关子集选取进入了我们的视线。然而子集选取方法有一些缺点。为了解决这个问题，引入了一种新方法，这种方法通常被称为惩罚最大似然估计法。这里将讨论惩罚回归的两种变体：

❑ 岭回归：岭回归也称 $L2$ 平方惩罚，其公式如下：

$$f(\beta)=\sum_{j=1}^{n} \beta_j^2$$

与最大似然估计相比，$L1$ 和 $L2$ 方法估计将 β 系数收缩至 0。当观测数较少时，为了避免多元共线性和大量预测数或两者皆存在，收缩方法降低了过拟合的 β 系数值。

以 Cars93_1.csv 数据集为例，我们可以检验模型及其结果。lambda 参数用于取得惩罚和对数似然函数之间的平衡。lambda 值的选择对于模型至关重要：如果 lambda 值太小，则模型可能会过拟合数据，会使高方差变得明显；如果选择的 lambda 值太大，则会导致结果有偏差：

```
> #installing the library
> library(glmnet)
> #removing the missing values from the dataset
> Cars93_2<-na.omit(Cars93_1)
> #independent variables matrix
> x<-as.matrix(Cars93_2[,-1])
> #dependent variale matrix
> y<-as.matrix(Cars93_2[,1])
> #fitting the regression model
> mod<-glmnet(x,y,family = "gaussian",alpha = 0,lambda = 0.001)
> #summary of the model
> summary(mod)
         Length Class Mode
```

```
a0 1 -none- numeric
beta 13 dgCMatrix S4
df 1 -none- numeric
dim 2 -none- numeric
lambda 1 -none- numeric
dev.ratio 1 -none- numeric
nulldev 1 -none- numeric
npasses 1 -none- numeric
jerr 1 -none- numeric
offset 1 -none- logical
call 6 -none- call
nobs 1 -none- numeric
#Making predictions
pred<-predict(mod,x,type = "link")
#estimating the error for the model.
mean((y-pred)^2)
> #Making predictions
> pred<-predict(mod,x,type = "link")
> #estimating the error for the model.
> mean((y-pred)^2)
[1] 6.663406
```

由上文可知，回归模型可以显现 6.66% 的误差，这意味着模型准确率为 93.34%。这不是最后一次遍历。模型需要经过多次测试，需要抽出一些子样本，以确定模型的最终准确率。

❑ **最小绝对值收敛算法（LASSO）**：LASSO 也称 $L1$ 绝对值惩罚（Tibshirani, 1997）。其公式如下：

$$f(\beta)=\sum_{j=1}^{n}|\beta|$$

以 Cars93_1.csv 数据集为例，我们可以检验模型及其结果。lambda 参数用于取得惩罚和对数似然函数之间的平衡。lambda 值的选择对于模型至关重要。如果 lambda 值太小，则模型可能会过拟合数据，会使高方差变得明显；如果选择的 lambda 值太大，则会导致结果有偏差。我们来尝试实施这个模型并对结果进行验证：

```
> #installing the library
> library(lars)
> #removing the missing values from the dataset
> Cars93_2<-na.omit(Cars93_1)
> #independent variables matrix
> x<-as.matrix(Cars93_2[,-1])
> #dependent variale matrix
> y<-as.matrix(Cars93_2[,1])
> #fitting the LASSO regression model
> model<-lars(x,y,type = "lasso")
> #summary of the model
```

```
> summary(model)
LARS/LASSO
Call: lars(x = x, y = y, type = "lasso")
   Df Rss       Cp
0  1  2215.17  195.6822
1  2  1138.71  63.7148
2  3  786.48   21.8784
3  4  724.26   16.1356
4  5  699.39   15.0400
5  6  692.49   16.1821
6  7  675.16   16.0246
7  8  634.59   12.9762
8  9  623.74   13.6260
9  8  617.24   10.8164
10 9  592.76   9.7695
11 10 587.43   11.1064
12 11 551.46   8.6302
13 12 548.22   10.2275
14 13 547.85   12.1805
15 14 546.40   14.0000
```

最小角度回归（LARS）中的 type 选项使我们有机会应用多种 lars 模型的变体，比如 "lasso" "lar" "forward.stagewise" 或 "stepwise"。利用它们，我们可创建多个模型并对比结果。

由以上模型的输出可见，RSS 和 CP 与自由度相关，每一次遍历我们需要找出最佳模型遍历步——此步的模型满足 RSS 最小：

```
> #select best step with a minin error
> best_model<-model$df[which.min(model$RSS)]
> best_model
14
> #Making predictions
> pred<-predict(model,x,s=best_model,type = "fit")$fit
> #estimating the error for the model.
> mean((y-pred)^2)
[1] 6.685669
```

最佳模型出现在第 14 步，这时 RSS 最小，从而我们可使用最佳步进行预测。在这一步使用 predict 函数可生成预测值，所选模型的误差为 6.68%。拟合好的模型的可视化如下图所示。纵坐标显示的是标准化系数，横坐标显示的是模型因变量的系数变化。x 轴显示 β 系数的绝对值比例与 β 系数绝对值的最大值。分子是估计 β 系数，分母是 OLS 模型的 β 系数。当 LASSO 中的收缩参数为 0 时，模型等同于一个 OLS 回归模型。随着惩罚参数的提高，β 系数绝对值之和趋于 0：

在下图中，竖线代表一个变量何时被拉至 0。竖线为 15 代表有 15 个预测变量需要缩减至 0，对应的惩罚参数 lambda 值为 1.0。当惩罚参数 lambda 的值非常小时，

LASSO 会采用 OLS 回归。随着 lambda 值的变大，你将发现模型中的变量将变少。因此，若 lambda 值为 1，模型中没有变量剩余。

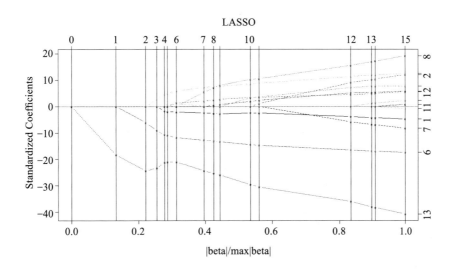

$L1$ 和 $L2$ 被称作正则化回归方法。$L1$ 不能将回归系数全变为 0，要么得到所有系数，要么一个都没有。相反，$L2$ 可收缩参数和自动地选取变量。

小结

本章介绍了如何创建线性回归、Logistic 回归和其他基于非线性回归的方法，以及如何在业务场景下预测一个变量值。回归方法在数据挖掘项目中非常重要，用于建立预测模型来获知一个未知自变量的将来值。本章通过多个示例，帮助读者理解什么样的模型可以用在什么地方。下一章将介绍关联规则或购物篮分析，以帮助读者理解在一个交易数据库中隐藏的重要模式。

第 5 章

基于产品数据的购物篮分析

试想一个零售商或电商店主的场景,这里需要为顾客推荐恰当的商品。商品推荐是数据挖掘实践的一个重要领域。商品推荐有三种方法:通过关联顾客行为与他们的购买记录进行推荐;通过关联每一次访问购买的物品进行推荐;观察每一种类别的商品的销售总额,然后结合零售商以往的经验进行推荐。本章主要介绍第二种商品推荐方法,这种方法就是广为人知的**购物篮分析(MBA)**,也称关联规则,即通过关联交易层购买的物品来找出购买类似商品的顾客分类,进而推荐商品。

本章主要介绍以下内容:

- 什么是 MBA。
- 在哪些地方应用 MBA。
- 前提假设 / 预先要求。
- 建模技术。
- 局限。
- 实际项目。

5.1 购物篮分析引论

是不是 MBA 仅限于零售和电商领域呢?现在我们思考 MBA 或关联规则适用的场

景，从而得到一些启发：
- 在医疗领域，特别是医疗诊断，举个例子，高血压和糖尿病是一个常见的组合。因此可有这样的结论——有高血压的人更有可能有糖尿病，反之亦然。所以通过分析之前的医疗状况或疾病，可预测他们未来可能会得的疾病。
- 在零售和电商领域，如果商家知道了不同物品购买模式之间的关系，就可以筹划促销和营销活动。MBA 能见解不同物品之间的关系，从而有助于设计出商品推荐方案。
- 在银行和金融服务领域，MBA 同样适用。银行给客户提供的产品，比如保险政策、共同基金、贷款和信用卡，购买保险和共同基金之间是否有什么关联呢？如果有，那就可以用 MBA 进行探索。在推荐一个产品前，职员/代理必须验证什么产品放在一起，由此设计金融产品的向上销售和交叉销售。
- 在电子通信领域，分析客户的使用以及产品选项的选择有助于有效地设计促销和产品的交叉销售。
- 在非结构化数据分析中，特别是在文本挖掘中，什么文字会在什么领域内一起出现，术语是如何关联以及如何被不同人群使用的，这都可以用关联规则提取出来。

5.1.1 什么是购物篮分析

购物篮分析研究不同产品和已购产品之间的关联或一组交易中的产品关联。在典型的数据挖掘情景中，购物篮分析的任务是从交易数据库中发现可行的洞见。为了理解 **MBA** 或 **关联规则**（arules），需要理解以下 3 个原理以及它们在决策规则中的重要性：

- 支持：一个交易可包括单个物品或一组物品。比如物品集 x = {*bread, butter, jam, curd*}，x 的支持代表 4 种商品同时被购买的交易数在数据库中总交易数中的占比，即

$$Support\ of\ X = number\ of\ transactions\ involving\ X\ /\ total\ number\ of\ transactions$$

- 置信：置信通常指一个规则的置信。可定义为 $x=>y$ 的置信。因此，$support\ (x \cup y)$ 代表数据库中包含集合 x 和物品 y 的交易数，即

$$Confidence\ of\ X => Y = support\ of\ (X\ U\ Y)\ /\ support\ of\ (X)$$

- 提升：提升可定义为观测支持与期望支持之比：

$$Lift\ of\ a\ rule\ X => Y = support\ of\ (X\ U\ Y)\ /\ support\ of\ (X)\ *\ support\ of\ (Y)$$

如果一个关联规则满足最小支持与最小置信标准，则支持交易型数据库。我们通过一个例子来理解这些概念。下面从 R 中的 arules 库取 Groceries.csv 数据集作为一个例子。

Transaction ID	Items
001	Bread, banana, milk, butter
002	Milk, butter, banana
003	Curd, milk, banana
004	Curd, bread, butter
005	Milk, curd, butter, banana
006	Milk, curd, bread

物品集 X = {*milk, banana*} 的支撑 = *proportion of transactions where milk and banana bought together*，4/6=0.7，因此 X 的支撑为 0.67。

我们假设 Y 是乳制品（curd），$X => Y$ 的置信即为 {*milk, banana*} => {*curd*}，即比重 ($X \cup Y$) 的支撑 /(X) 的支撑，三种商品——牛奶、香蕉和乳制品，一同被购买了两次。因此 rule 的置信 = (2/6)/0.67 = 0.5。这意味着 50% 包含香蕉和牛奶的交易规则是正确的。

一个规则的置信可理解为在已购买 X 物品集下购买 Y 的条件概率。

当在交易数据库中创建了过多规则时，我们需要一个测度来给规则排序，提升是一个用于规则排序的测度。$X => Y$ 的提升 = ($X \cup Y$) 的支撑 / (X) 的支撑 * (Y) 的支撑 = 0.33/0.66*0.66=0.33/0.4356=0.7575。

5.1.2　哪里会用到购物篮分析

为了理解大规模数据库中不同变量之间的关系，我们需要应用购物篮分析或关联规则。这是理解关联的最简单的可行方法。即使我们已经解释了可应用关联规则概念的各种领域，实际的实施仍取决于实际数据的类型和长度。例如，如果你想通过研究发电厂的各种传感器之间的关系来推断哪些传感器在某个特定的温度水平（极高）被激活，那么你也许无法找到足够的数据点。这是因为极高温度是一个罕见事件，而要推断各种传感器之间的关系，需要获取特定温度水平的大量数据。

5.1.3　数据要求

产品推荐规则由关联规则模型的结果生成。例如，顾客在已经将一杯可乐、一袋薯片和一根蜡烛加入购物车之后接下来会买什么？为了生成产品推荐规则，我们需要物品集合的频数，这样零售商就可以交叉销售产品。所以输入数据格式应该是交易型的，在实际项目中这种情况时有时无。如果数据不是交易数据则，需要做一次转换。在 R 语言中，数据框是混合型数据的一种表示。我们能否将数据框转换为交易数据从而在其上应用关联规则呢？这样做是因为算法要求输入数据格式必须是交易型的。我们来看从数据框中读取交易的方法。

R 中的 arules 库提供了一个用于从一个数据框中读取交易的函数。这个函数提供了两种格式选项，即单一和购物篮。在单一格式中，每一行代表一个单一物品；而在购物篮格式中，每一行代表由物品水平组成的一次交易，物品水平由逗号、空格或定位字符分隔。例如，

```
> ## create a basket format
> data <- paste(
+ "Bread, Butter, Jam",
+ "Bread, Butter",
+ "Bread",
+ "Butter, Banana",
+ sep="\n")
> cat(data)
Bread, Butter, Jam
Bread, Butter
Bread
Butter, Banana
> write(data, file = "basket_format")
>
> ## read data
> library(arules)
> tr <- read.transactions("basket_format", format = "basket", sep=",")
> inspect(tr)
  items
1 {Bread,Butter,Jam}
2 {Bread,Butter}
3 {Bread}
4 {Banana,Butter}
```

现在我们来看从数据框中生成单一格式的交易数据：

```
> ## create single format
> data <- paste(
+ "trans1 Bread",
+ "trans2 Bread",
+ "trans2 Butter",
+ "trans3 Jam",
+ sep ="\n")
> cat(data)
trans1 Bread
trans2 Bread
trans2 Butter
trans3 Jam
```

```
> write(data, file = "single_format")
>
> ## read data
> tr <- read.transactions("single_format", format = "single", cols =
c(1,2))
> inspect(tr)
  items           transactionID
1 {Bread}         trans1
2 {Bread,Butter}  trans2
3 {Jam}           trans3
```

以上代码解释了一段典型的交易数据如何以表格形式读入，电子表格等同于 R 的数据框，也可以转换成 arules 输入数据格式要求的交易数据格式。

5.1.4 前提假设 / 要求

执行购物篮分析时，关联规则的实施是基于一些前提假设的。假设如下：

- 假设所有数据是分类型。
- 不应该有任何稀疏数据，稀疏度应为最小。稀疏度表示一个数据集中有很多单元没有值（空单元）。
- 交易数用于找出不同产品之间有意义的关联，它是关于物品数或数据库中产品数的函数。换而言之，如果以更少的交易纳入更多产品，你会得到更高的稀疏度，反之亦然。

在分析中，你想纳入的物品越多，则需要验证规则的交易也越多。

5.1.5 建模方法

常用于从零售交易数据库中发现高频物品集合的算法有以下两种：

- **先验算法**：由 Agrawal 和 Srikant（1994）开发。它优先考虑广度，并提供交易计数。
- **Eclat 算法**：由 Zaki 等（1997b）开发。它优先考虑深度，提供交易的交集而非交易计数。

在本章中，我们用到了 Groceries.csv 数据集，上述两种算法都将用到该数据集。

5.1.6 局限性

虽然关联规则是实践者用于获悉大规模交易数据库中关系的首选之法，但它们也有一些自身的局限：

- 关联规则挖掘是一种概率方法，因其计算的是在其他产品已经被购买 / 加入顾客购物篮的情况下一个产品将被购买的条件概率。它预测的只是购买产品的可能性。规则的确切准确性可能是真也可能是假。
- 关联规则是一种条件概率估计方法，以简单的物品计数为测度。
- 关联规则不具备实际应用性，即便有高的支持、置信和提升，因为大多时候简单的规则看上去也许会很好。没有从规则总集合中过滤掉简单的规则的机制，除非使用一个机器学习框架（不属本书范畴）。
- 此算法提供了一个较大的规则集合，然而其中只有一少部分是重要的，没有自动的方法识别出有用规则的数量。

5.2 实际项目

我们即将用到的 Groceries.csv 数据集是真实世界中某杂货店 1 个月的**零售点**（POS）交易数据。该数据集中有 9835 条交易，其中有 169 个分类。物品集定义为顾客在一次访问中购买的物品或产品 P_i($i=1$, …, n) 的集合。简单地说，物品集就是我们在从零售店购物时拿到的收银条。以收银条编号作为交易编号，以收银条中提及的物品作为购物篮商品。这个数据集的一部分如下：

brown bread	soda	fruit/vegetable ju	canned beer	newspapers	shopping bags
yogurt	beverages	bottled water	specialty bar		
hamburger meat	other vegetables	rolls/buns	spices	bottled water	hygiene articles
root vegetables	other vegetables	whole milk	beverages	sugar	
pork	berries	other vegetables	whole milk	whipped/sour cre	artif. sweetener
beef	grapes	detergent			

在数据样本中，列代表物品，行代表交易。我们通过探索这个数据集来获悉它的特征：

```
> # Load the libraries
> library(arules)
> library(arulesViz)
> # Load the data set
> data(Groceries) #directly reading from library
> Groceries<-read.transactions("groceries.csv",sep=",") #reading from local computer
```

交易数据框包括三列。第一列代表产品/物品名，第二列代表产品在 level2 分类下的 55 个水平，第三列是 level3 将产品分成的 10 个分类。

交易数据的概况显示出了数据库中交易的总体情况，数据库中的物品数、数据的稀疏度，还有交易数据库中出现最少物品的频数。

```
@Groceries           Large transactions (9835 elements, 567.9 kb)
..@ transactionInfo:'data.frame': 9835 obs. of 0 variables
..@ data :Formal class 'ngCMatrix' [package "Matrix"] with 5 slots
.. .. ..@ i    : int [1:43367] 13 60 69 78 14 29 98 24 15 29 ...
.. .. ..@ p    : int [1:9836] 0 4 7 8 12 16 21 22 27 28 ...
.. .. ..@ Dim  : int [1:2] 169 9835
.. .. ..@ Dimnames:List of 2
.. .. .. ..$ : NULL
.. .. .. ..$ : NULL
.. .. ..@ factors : list()
..@ itemInfo :'data.frame': 169 obs. of 3 variables:
.. ..$ labels: chr [1:169] "frankfurter" "sausage" "liver loaf" "ha
.. ..$ level2: Factor w/ 55 levels "baby food","bags",..: 44 44 44 ...
.. ..$ level1: Factor w/ 10 levels "canned food",..: 6 6 6 6 6 6 6 ...
..@ itemsetInfo :'data.frame': 9835 obs. of 1 variable:
.. ..$ itemsetID: chr [1:9835] "1" "2" "3" "4" ...
```

```
summary(Groceries)
transactions as itemMatrix in sparse format with
9835 rows (elements/itemsets/transactions) and
169 columns (items) and a density of 0.02609146
most frequent items:
whole milk other vegetables rolls/buns soda yogurt
2513 1903 1809 1715 1372
(Other)
34055
```

数据集中有 9853 个交易，169 个分类中最常见的物品和它们对应的频数在上面的代码中显示了。在一个 9853×169 的矩阵中，只有 0.0261 或 2.61% 的单元格有值，其他都是空的。这里的 2.61% 指数据集的稀疏度。

元素（物品集/交易）的长度分布：

```
sizes
1 2 3 4 5 6 7 8 9 10 11 12 13 14 15 16 17
2159 1643 1299 1005 855 645 545 438 350 246 182 117 78 77 55 46 29
18 19 20 21 22 23 24 25 26 27 28 29 32
14 14 9 11 4 6 1 1 1 3 1
Min. 1st Qu. Median Mean 3rd Qu. Max.
1.000 2.000 3.000 4.409 6.000 32.000
includes extended item information - examples:
labels
1 abrasive cleaner
2 artif. sweetener
3 baby cosmetics
```

从以上物品集长度分布可见，有一次交易共买了 32 个商品。有 3 次交易共买了 29 个商品。类似地，我们可以解读数据集中其他物品集合的频数。使用物品频数图便于我们理解。为获知数据集中的前三个交易，我们可使用如下命令：

```
> inspect(Groceries[1:3])
items
1 {citrus fruit,semi-finished bread,margarine,ready soups}
```

```
2 {tropical fruit,yogurt,coffee}
3 {whole milk}
```

支持和置信这两个重要的参数记录了交易数据中高频的物品集合。支持越高，数据集中的规则越少，你也许会因此而错失一些变量之间的有意义的关联，反之亦然。有时一个较高的支持、置信和提升值并不能保证会得到有用的规则。所以，实际应用中，用户可以使用不同水平的支持和置信试验，从而获得有意义的规则。即使有足够的最小支持和最小置信水平，规则似乎还是不重要。

```
> cbind(itemFrequency(Groceries[,1:10])*100)
                       [,1]
frankfurter        5.8973055
sausage            9.3950178
liver loaf         0.5083884
ham                2.6029487
meat               2.5826131
finished products  0.6507372
organic sausage    0.2236909
chicken            4.2907982
turkey             0.8134215
pork               5.7651246
```

为了解决物品集挖掘时的无关规则问题，我们可以使用闭合物品集挖掘。如果不存在跟物品集 X 有相同支持的超集并且 X 的超集没有大于 %support 的，则 X 在 %suppor 时达到最大值，这时可说物品集 X 是闭合的。

```
> itemFrequencyPlot(Groceries, support=0.01, main="Relative ItemFreq Plot",
+ type="absolute")
```

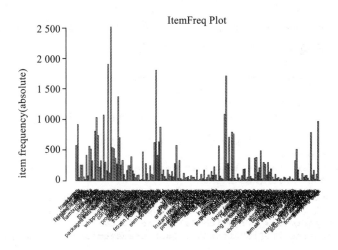

上图中，物品频数的绝对计数以最小支持为 0.01 显示。下图显示的是前 50 个最高相对百分数的物品，显示了数据库中包含这些物品的交易百分比：

```
> itemFrequencyPlot(Groceries,topN=50,type="relative",main="Relative Freq Plot")
```

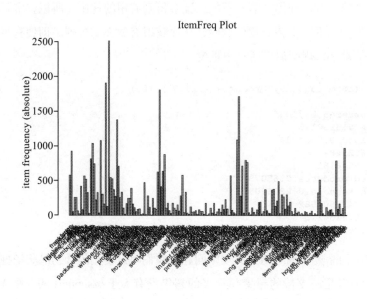

5.2.1 先验算法

先验算法使用了向下闭包特性，即一个高频物品集的任意子集也是高频物品集。先验算法逐级搜索高频物品集。该算法只创建等式右边（RHS）有一个物品的规则（也称后果），等式左边（LHS）称作先例。这意味着 RHS 有一个物品 LHS 为空的规则可能是有效规则，为了避免这些空规则，参数最小长度应由 1 改为 2：

```
> # Get the association rules based on apriori algo
> rules <- apriori(Groceries, parameter = list(supp = 0.01, conf = 0.10))
Parameter specification:
 confidence minval smax arem aval originalSupport support minlen maxlen
 target ext
        0.1    0.1    1 none FALSE        TRUE    0.01      1     10
 rules FALSE
Algorithmic control:
 filter tree heap memopt load sort verbose
    0.1 TRUE TRUE  FALSE TRUE    2    TRUE

apriori - find association rules with the apriori algorithm
version 4.21 (2004.05.09)        (c) 1996-2004   Christian Borgelt
set item appearances ...[0 item(s)] done [0.00s].
set transactions ...[169 item(s), 9835 transaction(s)] done [0.00s].
```

```
sorting and recoding items ... [88 item(s)] done [0.00s].
creating transaction tree ... done [0.00s].
checking subsets of size 1 2 3 4 done [0.00s].
writing ... [435 rule(s)] done [0.00s].
creating S4 object ... done [0.00s].
```

根据先验算法，有 435 个支持值为 1%（创建规则时纳入的商品百分比最小为 1%）以及置信水平为 10% 的规则。有 88 个物品表达这 435 个规则。使用 summary 命令，我们可以获知规则的长度及其分布：

```
> summary(rules)
set of 435 rules
rule length distribution (lhs + rhs):sizes
1 2 3
8 331 96
Min. 1st Qu. Median Mean 3rd Qu. Max.
1.000 2.000 2.000 2.202 2.000 3.000
summary of quality measures:
support confidence lift
Min. :0.01007 Min. :0.1007 Min. :0.7899
1st Qu.:0.01149 1st Qu.:0.1440 1st Qu.:1.3486
Median :0.01454 Median :0.2138 Median :1.6077
Mean :0.02051 Mean :0.2455 Mean :1.6868
3rd Qu.:0.02115 3rd Qu.:0.3251 3rd Qu.:1.9415
Max. :0.25552 Max. :0.5862 Max. :3.3723
mining info:
data ntransactions support confidence
Groceries 9835 0.01 0.1
```

观察规则的概述，共有 8 个含一个物品的规则，包括 LHS 和 RHS，所以这不是有效的规则。为了避免空规则，最小长度需为 2。使用最小长度 2 后，规则总数降至 427：

```
> inspect(rules[1:8])
lhs rhs support confidence lift
1 {} => {bottled water} 0.1105236 0.1105236 1
2 {} => {tropical fruit} 0.1049314 0.1049314 1
3 {} => {root vegetables} 0.1089985 0.1089985 1
4 {} => {soda} 0.1743772 0.1743772 1
5 {} => {yogurt} 0.1395018 0.1395018 1
6 {} => {rolls/buns} 0.1839349 0.1839349 1
7 {} => {other vegetables} 0.1934926 0.1934926 1
8 {} => {whole milk} 0.2555160 0.2555160 1
> rules <- apriori(Groceries, parameter = list(supp = 0.01, conf = 0.10,
minlen=2))
Parameter specification:
confidence minval smax arem aval originalSupport support minlen maxlen
target ext
0.1 0.1 1 none FALSE TRUE 0.01 2 10 rules FALSE
Algorithmic control:
filter tree heap memopt load sort verbose
0.1 TRUE TRUE FALSE TRUE 2 TRUE
apriori - find association rules with the apriori algorithm
```

```
version 4.21 (2004.05.09) (c) 1996-2004 Christian Borgelt
set item appearances ...[0 item(s)] done [0.00s].
set transactions ...[169 item(s), 9835 transaction(s)] done [0.00s].
sorting and recoding items ... [88 item(s)] done [0.00s].
creating transaction tree ... done [0.00s].
checking subsets of size 1 2 3 4 done [0.00s].
writing ... [427 rule(s)] done [0.00s].
creating S4 object ... done [0.00s].
> summary(rules)
set of 427 rules
rule length distribution (lhs + rhs):sizes
 2   3
331  96
```

如何确定规则的正确集合呢？压缩了置信水平之后，我们可以降低有效规则的数量。将置信水平保持在10%并改变支持值，可观察到规则数是如何改变的。如果规则太多，将很难实施它们；如果规则太少，将不能准确地表达物品之间隐含的关系。因此，要得到有效规则的正确集合，需要在支持值和置信水平之间进行权衡。下面的陡坡图展示了规则数量与不同支持水平之间的关系，其中置信水平恒定在10%：

```
> support<-seq(0.01,0.1,0.01)
> support
 [1] 0.01 0.02 0.03 0.04 0.05 0.06 0.07 0.08 0.09 0.10
> rules_count<-c(435,128,46,26,14, 10, 10,8,8,8)
> rules_count
 [1] 435 128 46 26 14 10 10 8 8 8
> plot(support,rules_count,type = "l",main="Number of rules at different support %",
+ col="darkred",lwd=3)
```

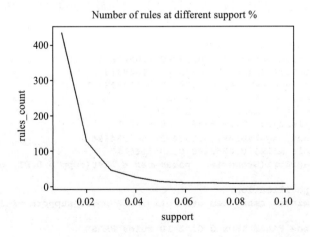

观察支持0.04和置信水平10%，基于陡坡图所示的结果，数据集正确的有效规则数应为2。反之，也可拿来确定关联规则，保持支撑水平不变，改变置信水平，我们能

创建新的陡坡图：

```
> conf<-seq(0.10,1.0,0.10)
> conf
 [1] 0.1 0.2 0.3 0.4 0.5 0.6 0.7 0.8 0.9 1.0
> rules_count<-c(427,231,125,62,15,0,0,0,0,0)
> rules_count
 [1] 427 231 125 62 15 0 0 0 0 0
> plot(conf,rules_count,type = "l",main="Number of rules at different confidence %",
+ col="darkred",lwd=3)
```

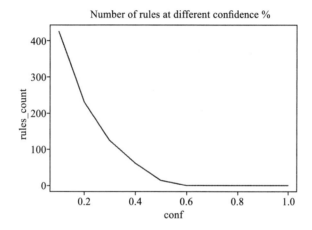

观察置信水平 0.5，置信水平以 10% 为单元改变，根据陡坡图所示的结果，食品数据集的正确有效规则数是 15。

5.2.2 eclat 算法

eclat 算法采用自下而上的思路对同质类做简单的交集运算。同一段代码可利用 R 中的 eclat 函数重复运行，并由此获得结果。eclat 函数接收两个参数，即支持值和最大长度：

```
> rules_ec <- eclat(Groceries, parameter = list(supp = 0.05))
parameter specification:
 tidLists support minlen maxlen   target    ext
   FALSE    0.05      1     10 frequent itemsets FALSE
algorithmic control:
 sparse sort verbose
      7   -2    TRUE
eclat - find frequent item sets with the eclat algorithm
version 2.6 (2004.08.16)    (c) 2002-2004   Christian Borgelt
create itemset ...
set transactions ...[169 item(s), 9835 transaction(s)] done [0.00s].
```

```
sorting and recoding items ... [28 item(s)] done [0.00s].
creating sparse bit matrix ... [28 row(s), 9835 column(s)] done [0.00s].
writing ... [31 set(s)] done [0.00s].
Creating S4 object ... done [0.00s].
> summary(rules_ec)
set of 31 itemsets
most frequent items:
whole milk other vegetables   yogurt   rolls/buns  frankfurter
    4         2                2          2            1
(Other)
  23
element (itemset/transaction) length distribution:sizes
1  2
28 3
Min. 1st Qu. Median   Mean 3rd Qu.   Max.
1.000  1.000  1.000  1.097  1.000  2.000
summary of quality measures:
    support
 Min.   :0.05236
 1st Qu.:0.05831
 Median :0.07565
 Mean   :0.09212
 3rd Qu.:0.10173
 Max.   :0.25552
includes transaction ID lists: FALSE
mining info:
     data ntransactions support
Groceries     9835        0.05
```

使用 eclat 算法，将支持值设为 5%，有 31 个规则解释了不同物品之间的关系。此规则包括了可由 5% 个交易表示的项。

生成一个产品推荐时，推荐那些有高置信水平的规则很重要，支持占比无关紧要。根据置信值，前 5 位规则可由以下代码获得：

```
> #sorting out the most relevant rules
> rules<-sort(rules, by="confidence", decreasing=TRUE)
> inspect(rules[1:5])
   lhs                          rhs               support    confidence  lift
36 {other vegetables,yogurt} => {whole milk}      0.02226741 0.5128806   2.007235
10 {butter}                  => {whole milk}      0.02755465 0.4972477   1.946053
3  {curd}                    => {whole milk}      0.02613116 0.4904580   1.919481
33 {root vegetables,other vegetables} => {whole milk} 0.02318251 0.4892704
1.914833
34 {root vegetables,whole milk} => {other vegetables} 0.02318251 0.4740125
2.449770
```

规则也可基于提升值和支持值排序——通过改变 sort 函数的参数。基于提升计算的前 5 位规则如下：

```
> rules<-sort(rules, by="lift", decreasing=TRUE)
> inspect(rules[1:5])
lhs rhs support confidence lift
35 {other vegetables,whole milk} => {root vegetables} 0.02318251 0.3097826
2.842082
34 {root vegetables,whole milk} => {other vegetables} 0.02318251 0.4740125
2.449770
27 {root vegetables} => {other vegetables} 0.04738180 0.4347015 2.246605
15 {whipped/sour cream} => {other vegetables} 0.02887646 0.4028369 2.081924
37 {whole milk,yogurt} => {other vegetables} 0.02226741 0.3974592 2.054131
```

5.2.3 可视化关联规则

物品之间是如何关联的以及如何可视化地展现规则，这与创建规则同样重要：

```
> #visualizign the rules
> plot(rules,method='graph',interactive = T,shading = T)
```

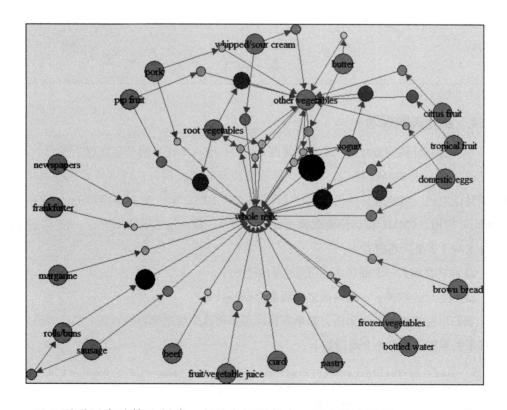

以上图形用先验算法创建。在最大规则数中，至少你会发现 whole milk 或 other vegetables，因为这两个物品与其他物品节点连接得很好。

通过在同一个数据集上应用 eclat 算法，我们创建了另一组规则，下图展示了规则的可视化：

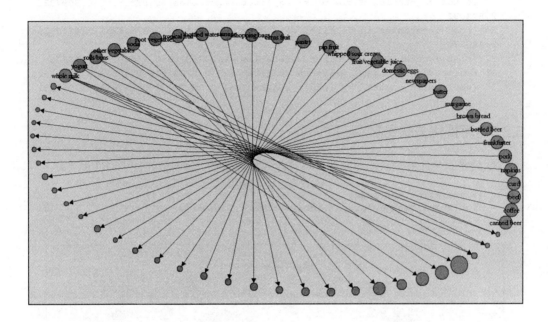

5.2.4 实施关联规则

一旦建立好购物篮分析（或关联规则）模型，下一个任务就是集成这个模型。关联规则提供了一个 PMML 接口，即一个预测建模标识语言接口，以供与其他应用集成。所谓其他应用，可能是一些统计软件（比如 SAS、SPSS 等），也有可能是 Java、PHP 和 Android 应用。PMML 接口使集成模型变得更容易。要实施关联规则时，一位零售商需要寻求两个重要问题的答案：

❑ 顾客在购买一个商品之前可能会购买什么？
❑ 顾客已经购买了一些商品之后可能会购买什么？

我们以酸奶（yogurt）为例，如果零售商想要把这个商品推荐给顾客，那么哪些规则可以帮到零售商？前 5 个规则如下：

```
> rules<-apriori(data=Groceries, parameter=list(supp=0.001,conf = 0.8),
+ appearance = list(default="lhs",rhs="yogurt"),
+ control = list(verbose=F))
> rules<-sort(rules, decreasing=TRUE,by="confidence")
> inspect(rules[1:5])
```

```
  lhs rhs support confidence
4 {root vegetables,butter,cream cheese } => {yogurt} 0.001016777 0.9090909
10 {tropical fruit,whole milk,butter,sliced cheese} => {yogurt} 0.001016777
0.9090909
11 {other vegetables,curd,whipped/sour cream,cream cheese } => {yogurt}
0.001016777 0.9090909
13 {tropical fruit,other vegetables,butter,white bread} => {yogurt}
0.001016777 0.9090909
2 {sausage,pip fruit,sliced cheese} => {yogurt} 0.001220132 0.8571429
  lift
4  6.516698
10 6.516698
11 6.516698
13 6.516698
2  6.144315
> rules<-apriori(data=Groceries, parameter=list(supp=0.001,conf =
0.10,minlen=2),
+ appearance = list(default="rhs",lhs="yogurt"),
+ control = list(verbose=F))
> rules<-sort(rules, decreasing=TRUE,by="confidence")
> inspect(rules[1:5])
   lhs rhs support confidence lift
20 {yogurt} => {whole milk} 0.05602440 0.4016035 1.571735
19 {yogurt} => {other vegetables} 0.04341637 0.3112245 1.608457
18 {yogurt} => {rolls/buns} 0.03436706 0.2463557 1.339363
15 {yogurt} => {tropical fruit} 0.02928317 0.2099125 2.000475
17 {yogurt} => {soda} 0.02735130 0.1960641 1.124368
```

也可使用 lift 规则设计产品推荐方案，进而将商品推荐给顾客：

```
> # sorting grocery rules by lift
> inspect(sort(rules, by = "lift")[1:5])
   lhs rhs support confidence lift
1  {yogurt} => {curd} 0.01728521 0.1239067 2.325615
8  {yogurt} => {whipped/sour cream} 0.02074225 0.1486880 2.074251
15 {yogurt} => {tropical fruit} 0.02928317 0.2099125 2.000475
4  {yogurt} => {butter} 0.01464159 0.1049563 1.894027
11 {yogurt} => {citrus fruit} 0.02165735 0.1552478 1.875752
```

根据一些物品名找出子集规则的操作可由以下代码完成：

```
# finding subsets of rules containing any items
itemname_rules <- subset(rules, items %in% "item name")
inspect(itemname_rules[1:5])
> # writing the rules to a CSV file
> write(rules, file = "groceryrules.csv", sep = ",", quote = TRUE,
row.names = FALSE)
>
> # converting the rule set to a data frame
> groceryrules_df <- as(rules, "data.frame")
```

小结

　　本章介绍了如何创建关联规则、什么因子决定了规则的存在，以及规则是如何解释不同物品或变量背后的关系等内容。同时也介绍了如何根据最小支持值和置信值获得最紧规则。关联规则的目的不是获得规则，而是将规则实施到商务应用中，生成推荐，用于交叉销售和向上销售产品，以及据此策划营销。关联规则有助于引导商店经理规划商品的摆放和陈列设计。下一章将介绍用于分类的聚类方法，使用聚类方法将给用户提供更多的产品推荐建议。

第 6 章 Chapter 6

聚类电商数据

在数据挖掘场景中,聚类在从可操作数据集带来洞见以及提供业务导向中扮演着重要角色。简单地说,聚类旨在汇聚相似的观察结果,例如相似的顾客、相似的病人、相似的用户等。聚类方法并不仅限于零售领域,也可扩展至任何领域。分类不仅适用于零售或电商领域,也适用于所有领域与行业。

本章主要介绍以下内容:
- 什么是分类。
- 如何应用聚类进行分类。
- 聚类方法有哪些。
- 各种方法的比较。
- 一个分类的项目实例。

本章将介绍多种聚类方法,以帮助读者了解分类的基础知识。用于执行聚类的方法有多种。下面的例子说明在哪里使用聚类以及如何使用聚类来创建最终驱动商业价值的分类:

- 在零售/电商行业,要通过获悉百万名顾客的行为来策划营销、市场规划和促销活动是不可能的。这些顾客实际上属于有限个顾客群体。同一群体的顾客呈现相似行为,不同群体之间则呈现不相似行为。

- 在通信行业，通过选择基站的位置来优化用户体验是由分类驱动的。还有通信计划的设计，比如用户套餐（特别是针对学生、老年人、专业人士等），以及基于服务的使用也用到了聚类方法。
- 在医疗行业，要确定不同科室的病床大小，比如紧急护理、急性护理等，也可用到聚类法。不同州不同疾病的报告也可用来对相似地域或地方创建聚类从而采用一系列举措。
- 在治理方面，执法机构应在案件多发区加强管制。因此可使用聚类方法创建城市群组，比如高、中、低犯罪地域。基于数据，他们可相应地调整管制力度。
- 在保险业，聚类用于确定有差别的保费，通过基于人口信息、地理信息和风险区域等参数对不同城市进行分组。

6.1 理解客户分类

在标准的数据挖掘实践中，客户分类是一种对所有顾客进行分类的方法，用于将客户划分到业务相关或业务问题相关的不同分组。分组的创建可以通过主观方法或依循商业目标来实现。客户分类在不同行业有着不同的应用，例如在零售业，了解客户的购买行为至关重要，不同的分组表现了独特的业务相关的消费行为。

6.1.1 为何理解客户分类很重要

在零售业和电商行业，优惠、促销、会员项目和打折策略都是基于客户分组的购买行为而设计的。在其他行业，销售、市场营销和商业规划也会考虑到客户行为以及行为驱动销售。独特的客户行为可理解为在数据上进行分类。

6.1.2 如何对客户进行分类

在讨论了实行客户分类的益处后，我们知道如何进行客户分类很重要。使用广泛的客户分类执行方法有如下两种：

- 基于聚类方法的客户分类
- 使用**新近度**（recency）、**频率**（frequency）和**金额**（monetary）（RFM）模型的客户分类

本章将介绍基于聚类方法的客户分类方法，第二种方法不属于本书范畴。

6.2 各种适用的聚类方法

所有聚类算法可分为如下四类：

- **层次聚类**：使用这种方法，数据集中将产生一些聚类器构成分层，之后聚类器以树结构聚合在一起，从而使整个数据集可用单一的树结构表示。这种方法的优点是不像基于划分的聚类方法，我们无须指定要从数据集中产生的聚类器个数。
- **划分聚类**：使用这种方法，数据集根据一个距离函数被划分成有限的一组聚类，这使得聚类内部相似度最大且聚类之间相似度最小。K 均值作为数据挖掘实战中的一种流行方法就属于划分聚类。
- **基于模型的聚类**：这种方法是使用数据模型，从数据中生成一组聚类，基于模型的聚类所采用的方法可分为如下两类：
  - 最大似然估计。
  - 贝叶斯估计。
- **其他聚类算法**：还有其他一些聚类方法，例如模糊聚类、袋装聚类等。模糊聚类是指在数据上使用模糊逻辑，使得同一个数据点可属于多个聚类。换而言之，各聚类之间不互斥。这种方法与其他三种聚类形式截然不同，因为其他三种聚类都是一个数据点属于单一的聚类。还有一种算法也归为此类，称作**自组织映射**（SOM）。

在分析从数据中对相似对象或观察结果聚类的方法之前，需要决定一个测度或距离函数，以测量观测之间的相似或非相似度。基于一些名为输入特征的预定义变量，一个观察结果与其他观察结果有多么不同或相近可通过这个测度获知。

相似度测度测量的是数据点的相近程度，距离测度测量的是数据点的差异有多大。相似度和距离测度计算是聚类过程的一部分。我们来看一些相似度 / 距离测量：

- **欧几里得距离**：计算两个数据点 x 和 y 的距离公式为

$$Dist(x, y) = \sqrt{\sum_{i=1}^{n} (x_i - y_i)^2}$$

- **曼哈顿距离**：计算曼哈顿距离的公式为

$$Dist(x, y) = \sum_{i=1}^{n} |x_i - y_i|$$

- **余弦相似度**：计算余弦相似度的公式为

$$Sim(x, y) = \frac{\sum_{i=1}^{n} x_i y_i}{\sqrt{\sum_{i=1}^{n} x_i^2} * \sqrt{\sum_{i=1}^{n} y_i^2}}$$

下面开始使用不同的聚类方法对数据集进行分类，以一个医疗数据集（PimaIndiansDiabetes.csv[ref: 1]）和一个零售/电商数据（Wholesalecustomers.csv[ref: 1]）为例。在开始使用聚类方法前，需要检查数据的充分性条件。

6.2.1 K 均值聚类

K 均值聚类是无监督学习算法，它将相似的对象聚合到一组，使得组内相似度最大且组间相似度最小。这里的"对象"指的是算法中输入的数据点。组内相似度的计算基于名为质心（算术平均值）的中心和一个距离函数，由此测量组内对象与中心有多相近。K 均值聚类中的"K"代表用户可能感兴趣的聚类数。K 均值聚类需要遵循下列步骤。因为采用均值作测度估计质心，所以估计会受极端观测或离群点的存在所牵制。因此，在运行 K 均值聚类之前必须检查数据集中离群点的存在。

1）**检查离群点的存在**：在 Wholesalecustomers.csv 数据集中使用盒状图方法识别所有离群点的存在：

```
> r_df<-read.csv("Wholesalecustomers.csv")
> ####Data Pre-processing
> par(mfrow=c(2,3))
> apply(r_df[,c(-1,-2)],2,boxplot)
```

每个盒状图中针对所有变量晶须线后面的圆点意味着数据集中有大量离群点。专业人士通常使用 capping 函数移除数据集中的离群点。如果有数据点超过了任意变量的分位数、第百分之 90 位数、第百分之 95 分位或第百分之 99 分位，这些数据点需要在对应的百分位移除：

```
> #computing quantiles
> quant<-function(x){quantile(x,probs=c(0.95,0.90,0.99))}
> out1<-sapply(r_df[,c(-1,-2)],quant)
```

现在，计算三个百分位的这个 quant 函数一致作用于前两个变量以外的数据集。下面的代码用于更改变量：

```
> #removing outliers
> r_df$Fresh<-ifelse(r_df$Fresh>=out1[2,1],out1[2,1],r_df$Fresh)
> r_df$Milk<-ifelse(r_df$Milk>=out1[2,2],out1[2,2],r_df$Milk)
> r_df$Grocery<-ifelse(r_df$Grocery>=out1[2,3],out1[2,3],r_df$Grocery)
```

```
> r_df$Frozen<-ifelse(r_df$Frozen>=out1[2,4],out1[2,4],r_df$Frozen)
> r_df$Detergents_Paper<-
ifelse(r_df$Detergents_Paper>=out1[2,5],out1[2,5],r_df$Detergents_Paper)
> r_df$Delicassen<-
ifelse(r_df$Delicassen>=out1[2,6],out1[2,6],r_df$Delicassen)
```

接下来检查数据集中的离群点是否已被移除，同样借助盒状图（boxplot）方法：

```
> #Checking outliers after removal
> apply(r_df[,c(-1,-2)],2,boxplot)
```

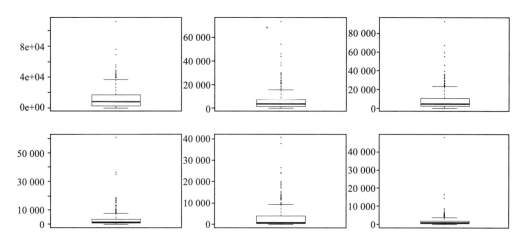

由上图可知，所有离群点都已通过对所有变量的第百分之 90 位值而被移除。

2）**调整数据集量级**：K 均值聚类实践中只纳入连续变量不能保证所有变量都在同一量级。例如，一位客户的年龄区间为 0 ~ 100，收入区间为 0 ~ 100 000。因为两个测量单位不同，它们也许会归至不同的聚类，当需要表示更多数据点时，这会造成困扰。为了可以在聚类过程中比较区间，所有变量需要标准化在一个量级上。这里我们对所有变量应用了标准正态变换（Z-transformation）：

```
> r_df_scaled<-as.matrix(scale(r_df[,c(-1,-2)]))
> head(r_df_scaled)
       Fresh       Milk    Grocery     Frozen Detergents_Paper Delicassen
[1,]  0.2351056  1.2829174  0.11321460 -0.96232799      0.1722993  0.1570550
[2,] -0.4151579  1.3234370  0.45658819 -0.30625122      0.4120701  0.6313698
[3,] -0.4967305  1.0597962  0.13425842 -0.03373355      0.4984496  1.8982669
[4,]  0.3041643 -0.9430315 -0.45821928  1.66113143     -0.6670924  0.6443648
[5,]  1.3875506  0.1657331  0.05110966  0.60623797     -0.1751554  1.8982669
[6,] -0.1421677  0.9153464 -0.30338465 -0.77076036     -0.1681831  0.2794239
```

3）**选择初始聚类种子**：初始随机种子的选取决定了模型收敛所需的迭代次数。通常，随机选择初始聚类种子是聚类的临时方法。根据距离函数测度，距离质心更近的对象被指定为聚类从属关系。随着新成员加入聚类，质心被重新计算，每个种子值被相应聚类质心值替换。在 K 均值聚类中，添加对象入组然后更新质心的过程一直持续到质心不再变动以及对象的群组从属关系不再改变为止。

4）确定 K 聚类数：在 R 编程语言中，有两个库，即 Rcmdr（R 命令行）和 stats，它们支持 K 均值聚类，用的是两种不同途径。Rcmdr 库需要载入然后运行算法，而 stats 已经内置于 R 中。要计算使用 K 均值算法需要的聚类数，可以根据下面代码画出的陡坡图来确定：

```
> library(Rcmdr)
> > sumsq<-NULL
> #Method 1
> par(mfrow=c(1,2))
> for (i in 1:15) sumsq[i] <-
sum(KMeans(r_df_scaled,centers=i,iter.max=500,
    num.seeds=50)$withinss)
>
> plot(1:15,sumsq,type="b", xlab="Number of Clusters",
+ ylab="Within groups sum of squares",main="Screeplot using Rcmdr")
>
> #Method 2
> for (i in 1:15) sumsq[i] <-
sum(kmeans(r_df_scaled,centers=i,iter.max=5000,
    algorithm = "Forgy")$withinss)
>
> plot(1:15,sumsq,type="b", xlab="Number of Clusters",
+ ylab="Within groups sum of squares",main="Screeplot using Stats")
```

陡坡图的图解如下。使用两种途径，通过观察碎石图中的"拐"点，理想的聚类数为 4。随着横坐标聚类数的增加，纵坐标显示的组内平方和在降低：

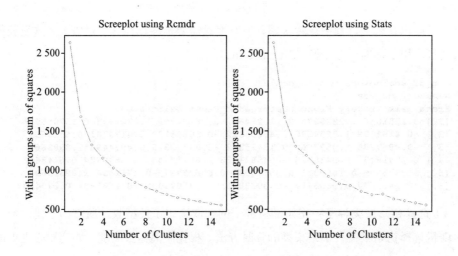

一旦确定了聚类数，就可计算聚类中心和距离，接下来的代码交待了 K 均值聚类要使用的函数。这里的宗旨是对对象进行细分，使得一个组与另一个组尽可能地不同，使组内对象尽可能地相同。下面的函数可用于计算组内聚类中心与单个对象之间的平方和：

$$Sumsq = \sum_{i=1}^{n}(x_i - c_i)^2$$

每个聚类的平方和由此算得，然后加和算得数据集的组内平方和总和。这里的目标是最小化组内平方和总和。

5）**根据最小距离分组**：K 均值的语法和对参数解释如下：

```
kmeans(x, centers, iter.max = 10, nstart = 1,
    algorithm = c("Hartigan-Wong", "Lloyd", "Forgy",
    "MacQueen"), trace=FALSE)
```

x	数据的数值矩阵或是可被转换为这样一个矩阵的一个对象（比如一个数值向量或所有列都是数值型的一个数据框）
centers	聚类数（比如 k），或指一个初始聚类中心（不同）的集合。如果它是一个数字，取 x 的行（不同）组成的一个随机集合作为初始中心
iter.max	允许的最大遍历数
nstart	如果 centers 是一个数字，应选择多少随机集合
algorithm	字符。可以缩写。注意："Lloyd" 和 "Forgy" 是一个算法的替代名称

```
> #Kmeans Clustering
> library(cluster);library(cclust)
> set.seed(121)
> km<-kmeans(r_df_scaled,centers=4,nstart=17,iter.max=50000, algorithm
=
"Forgy",trace = T)
```

归一化后的数据用于创建聚类，其中有 4 个聚类和 17 个初始点。用 Forgy 算法运行 50 000 次迭代，从模型获得以下结果：

```
#checking results
summary(km)
Length Class Mode
cluster 440 -none- numeric
centers 24 -none- numeric
totss 1 -none- numeric
withinss 4 -none- numeric
tot.withinss 1 -none- numeric
betweenss 1 -none- numeric
size 4 -none- numeric
iter 1 -none- numeric
ifault 0 -none- NULL
> km$centers
Fresh Milk Grocery Frozen Detergents_Paper Delicassen
```

```
1  0.7272001 -0.4741962 -0.5839567  1.54228159 -0.64696856  0.13809763
2 -0.2327058 -0.6491522 -0.6275800 -0.44521306 -0.55388881 -0.57651321
3  0.6880396  0.6607604  0.3596455  0.02121206 -0.03238765  1.33428207
4 -0.6025116  1.1545987  1.3947616 -0.45854741  1.55904516  0.09763056
> km$withinss
[1] 244.3466 324.8674 266.3632 317.5866
```

下面的代码解释了如何给数据集添加聚类信息以及剖析各聚类对应的组平均值：

```
> #attaching cluster information
> Cluster<-cbind(r_df,Membership=km$cluster)
> aggregate(Cluster[,3:8],list(Cluster[,9]),mean)
  Group.1    Fresh     Milk  Grocery   Frozen Detergents_Paper Delicassen
1       1 16915.946 2977.868 3486.071 6123.576         558.9524  1320.4940
2       2  8631.625 2312.926 3231.096 1434.122         799.2500   660.5957
3       3 16577.977 7291.414 9001.375 2534.643        2145.5738  2425.0954
4       4  5440.073 9168.309 15051.573 1402.660       6254.0670  1283.1252
```

现在我们来看使用散点图实现分组/聚类的可视化：

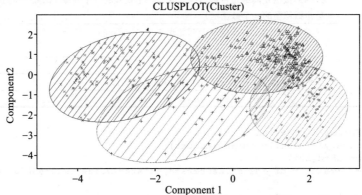

由上图可见，所有4个聚类在一定程度上互有重叠，但聚类操作的宗旨是得出无重叠的分组。这里有6个变量，所以在二维空间里展现的6个维度显示两个成分解释了65.17%的变动。因为重叠程度较小，所以这是可接受的。如果重叠程度很多，那之后再聚类，相似分组可合起来作为剖析描述中的一部分。剖析描述是K均值聚类之后执行的操作，为了生成洞见，所以在其生成时可合并相似组。

6）**预测新数据的聚类从属关系**：K均值聚类模型创建之后，使用这个模型，新数据的聚类从属关系可由下列预测函数生成：

```
> #Predicting new data for KMeans
> predict.kmeans <- function(km, r_df_scaled)
+ {k <- nrow(km$centers)
+  d <- as.matrix(dist(rbind(km$centers, r_df_scaled)))[-(1:k),1:k]
+  n <- nrow(r_df_scaled)
```

```
+ out <- apply(d, 1, which.min)
+ return(out)}
```

对于同一个数据集，我们可以预测聚类从属关系。实际的聚类从属关系和预测的聚类从属关系可由下述代码表示：

```
> #predicting cluster membership
> Cluster$Predicted<-predict.kmeans(km,r_df_scaled)
> table(Cluster$Membership,Cluster$Predicted)
    1   2   3   4
1  84   0   0   0
2   0 188   0   0
3   0   0  65   0
4   0   0   0 103
```

7）**在实时应用程序中实施 K 均值聚类**：对于其他统计软件和 Web 应用中 K 均值聚类的实施，可使用 PMML 脚本。PMML 指**预测模型标记语言**（Predictive Model Markup Language），是公认的实施预测模型的工业标准：

```
#pmml code
library(pmml);
library(XML);
pmml(km)
```

当我们将一个模型以 PMML 格式存储时，它为模型预备了一个 XML 脚本，模型参数被嵌入这个脚本中。这样写入，可以使其他统计软件也能够读取这个模型。

6.2.2 层次聚类

实施层次聚类算法的方法有以下两种，但有二者一个共性——都是用一个距离测度来估计聚类成员之间的相似度：

❑ **凝聚法**：自下而上。

❑ **分离法**：自上而下。

为了实施层次聚类，输入数据必须是距离矩阵格式。所用的方法必须选自"single" "complete" "average" "mcquitty" "ward.D" "ward.D2" "centroid" 或 "median"。

层次聚类算法遵循以下步骤：

1）起始于 N 个单一聚类（节点），标记为 -1、……、$-N$，代表了输入点的初始集合。

2）在一个距离函数定义下，从所有成对距离中找出一对距离最小节点/聚类满足。

3）将两个节点合并成一个新的节点，然后移除这两个旧节点。新的节点连续地标记为 1、2、……

4）新节点与其他节点的距离由方法参数决定。

5）从第二步开始重复 $N-1$ 次，直到有一个大节点包含了所有初始输入点。

如果选择执行的层次聚类方法是 ward，那么聚类使用的距离测度是欧几里得距离。

下面的代码展示了如何实施集聚法层次聚类：

```
> hfit<-hclust(dist(r_df_scaled,method = "euclidean"),method="ward.D2")
> par(mfrow=c(1,2))
> plot(hfit,hang=-0.005,cex=0.7)
> hfit<-hclust(dist(r_df_scaled,method = "manhattan"),method="mcquitty")
> plot(hfit,hang=-0.005,cex=0.7)
> hfit<-hclust(dist(r_df_scaled,method = "minkowski"))
> plot(hfit,hang=-0.005,cex=0.7)
> hfit<-hclust(dist(r_df_scaled,method = "canberra"))
> plot(hfit,hang=-0.005,cex=0.7)
```

第一个树状图如下：

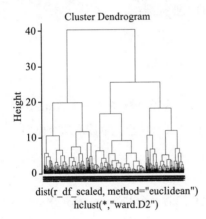 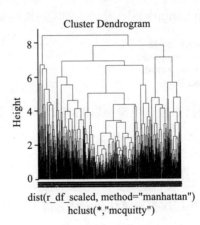

第二个树状图如下：

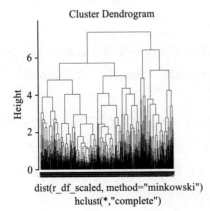 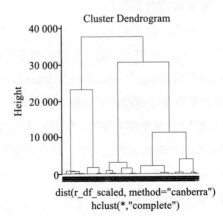

在上面两张树状图中，用到了多种方法来展示怎么实施集聚层次聚类。method 参数为字符串 single、centroid、median、ward 之一，参数方法为字符串 single、complete、average、mcquitty、centroid、median、ward.D、ward.D2 之一。每一个方法都是不同的。单一联结使用了最小成对距离来合并两个节点。完全联结使用的是两个不同聚类之间不相似对象之间的相似度。同样的每个方法有各自特有的计算不同聚类之间相似度的方法：

```
> summary(hfit)
        Length Class  Mode
merge   878    -none- numeric
height  439    -none- numeric
order   440    -none- numeric
labels  0      -none- NULL
method  1      -none- character
call    3      -none- call
dist.method 1  -none- character
```

分离层次聚类可通过 cluster 库中的 diana 函数执行。语法如下所示：

```
diana(x, diss = inherits(x, "dist"), metric = "euclidean", stand = FALSE,
keep.diss = n < 100, keep.data = !diss, trace.lev = 0)
```

要应用 diana 函数，输入数据必须是矩阵或数据框格式。diana 函数接收距离矩阵也接收数据框作为输入。有一个逻辑标志参数控制函数的输入结构。metric 参数指一个字符串指定计算距离使用的测度，它有两个选项——"euclidean"和"manhattan"。欧几里得距离是差异的平方和的平方根，而曼哈顿距离是差异的绝对值之和，数学公式已经在本章前面解释了。如果 x（即输入数据集）已经是一个非相似矩阵，那么在执行中将忽略 diss 参数。stand 参数如果取 true 值，这意味着使用的是原始数据集，之后才需创建距离矩阵。

diana 函数创建了聚类的一个层级，如字面意思，初始为一个包含所有观测的大型聚类。聚类被分裂开来直到每个聚类只包含一条观测。在每一层级，选择有最大直径——距离函数定义下聚类中心与最外围的数据点之间距离的聚类：

```
dfit<-diana(r_df,diss=F,metric = "euclidean",stand=T,keep.data = F)
summary(dfit)
plot(dfit)
```

在分裂聚类上执行的 plot 命令有两个绘图选项，其中 banner 表现分裂系数，dendrogram 表现为树结构：

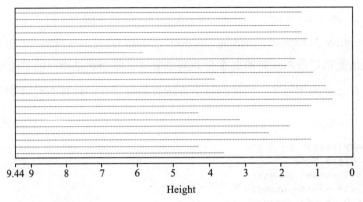

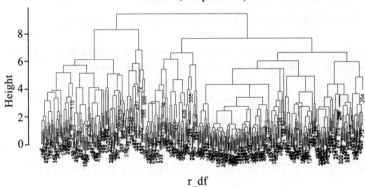

对于层次聚类算法,一个附加步骤是将谱系树结构切分成有限组聚类,使得不同聚类方法的结果可供比较。下面的函数用来切分树结构:

```
> #cutting the tree into groups
> g_hfit<-cutree(hfit,k=4)
> plot(hfit)
> table(g_hfit)
g_hfit
1 2 3 4
77 163 119 81
> rect.hclust(hfit,k=4,border = "blue")
```

下图所示即为树结构:

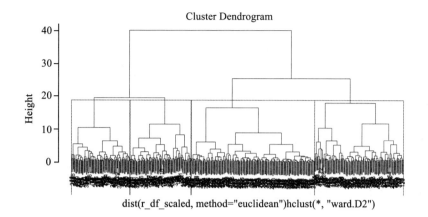

6.2.3 基于模型的聚类

R 中由 mclust 库提供高斯有限混合模型,通过 EM 算法拟合的基于模型的聚类,包括贝叶斯正则化。在这一节,我们讨论 Mclust 的语法和输出结果,余下的结果可对剖析描述进行分析。基于模型的方法使用了一组数据模型、最大似然估计法、贝叶斯准则来识别聚类,Mclust 函数通过最大期望算法估计参数。

Mclust 包基于 E、V 和 I 三个参数提供了多种数据模型。用三个字母 E、V 和 I 作为模型标识符,以编码几何特征,例如体积、形状和聚类方向。E 代表同等,I 代表描绘形状的单位矩阵,V 代表变化方差。请牢记这三个字母。运行 mclust 库时有一组默认模型,这些模型可分为三类——球型、对角型和椭圆形。详见下表:

模型编码	描 述
EII	球形、相等体积
VII	球形、不相等体积
EEI	对角型、相等体积和形状
VEI	对角型、不同体积、相同形状
EVI	对角型、相等体积、不同形状
VVI	对角型、不同体积和形状
EEE	椭圆形、相等体积、形状和方向
EEV	椭圆形、相等体积和形状
VEV	椭圆形、相同形状
VVV	椭圆形、不同的体积、形状和方向

下面根据 E、V 和 I 参数使用 Mclust 方法对观察结果进行聚类和分组:

```
> clus <- Mclust(r_df[,-c(1,2)])
> summary(clus)
----------------------------------------------------
Gaussian finite mixture model fitted by EM algorithm
----------------------------------------------------
Mclust VEI (diagonal, equal shape) model with 9 components:
log.likelihood  n  df  BIC  ICL
-23843.48 440 76 -48149.56 -48223.43
Clustering table:
1   2  3  4  5  6  7  8  9
165 21 40 44 15 49 27 41 38
```

由以上概述可知，有 9 个聚类由指定的 VEI 模型生成，这个模型的 BIC 最低。我们把其他设定的模型一并用一张图绘出：

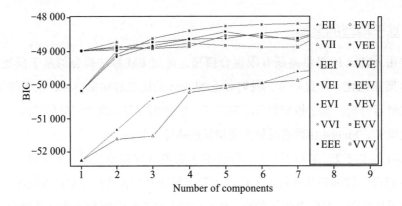

由上图可见，VEI 模型设定最优。用下面代码，我们输出聚类成员关系和每个聚类的行数：

```
# The clustering vector:
clus_vec <- clus$classification
clus_vec
clust <- lapply(1:3, function(nc) row.names(r_df)[clus_vec==nc])
clust # printing the clusters
```

使用 summary 命令并将 parameter 设为 true，我们可计算出每个变量的平均值、方差和概率：

```
summary(clus, parameters = T)
```

6.2.4 其他聚类算法

自组织映射（SOM）是实现聚类的另一方法，它使用可视化方法来展现数据。SOM

本质上是在获取一群独一的节点。SOM 创建一个网络结构，数据对象将由节点和边连接。使用这些节点，可画出不同对象之间的相似度，从而生成聚类解决方法。kohonen 库包含了 SOM 函数：

```
> library(kohonen)
> som_grid <- somgrid(xdim = 20, ydim=20, topo="hexagonal")
> som_model <- som(r_df_scaled,
+ grid=som_grid,
+ rlen=100,
+ alpha=c(0.05,0.01),
+ keep.data = TRUE,
+ n.hood="circular")
plot(som_model, type="changes",col="blue")
```

上图揭示了与最近单元的平均距离如何随着遍历的增加而改变：

```
> plot(som_model, type="count")
```

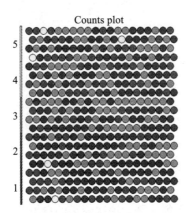

上图为使用 SOM 方法的计数图。下图为邻近距离图。映射是不同颜色的变量，其中有色的圆圈代表那些落入 n 维空间的输入变量。当绘图类型是计数（counts）时，该图将显示出映射到每个独立单元的对象个数。灰色的单元代表空值。当类型是邻近距离时，该图呈现的是与所有邻近点的距离和。图形如下所示：

> **plot(som_model, type="dist.neighbours")**

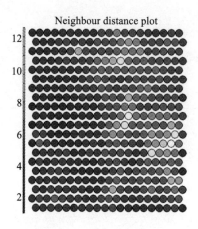

> **plot(som_model, type="codes")**

最后，下图展现了所有变量的码重：

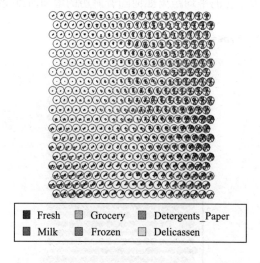

在 R 中，kohonen 库用于创建基于层次聚类的自组织映射图。当图形的类型是码重

（codes）时，正如上图所示，图形表现了码重向量。每个颜色表示输入数据的一个特征。上面的结果和图形展现了如何创建一个聚类解决方案，以及如何通过 SOM 绘图函数来可视化地展现聚类。SOM 是一种数据可视化方法，基于输入数据向量展现初数据集中相似的对象。所以，从以上结果可知聚类或分类可通过可视化检验创建。

6.2.5 聚类方法的比较

不同聚类方法的优缺点如下：

1. 对于 K 均值聚类

K 均值聚类的优缺点	
浅显易懂	不注重稳健度，最大的问题是初始随机点
比其他聚类算法更灵活	不同的随机点会得出不同的结果，所以需要进行多次迭代
当有大量输入特征时表现优异	因为需要进行多次迭代，从计算效率角度考虑，K 均值聚类在大规模数据集上也许效率不高。需要更多的内存进行处理

2. 对于 SOM

SOM 的优缺点	
易于理解的可视化	只能作用在连续型数据上
可视化地预测新数据点	当维度增加时较难呈现

参考文献

Lichman, M. (2013). *UCI Machine Learning Repository* (http://archive.ics.uci.edu/ml). Irvine, CA: University of California, School of Information and Computer Science.

小结

本章介绍了针对无监督数据挖掘问题的一些分类方法和相应的实施。聚类是一种主观分类方法，需要更进一步的研究，比如按聚类进行剖析以及计算不同变量的不同测度（如平均值和中位数）。如果某一聚类与另一聚类临近，且在业务角度上合理，应把它们结合在一起。除此之外，本章还讲述了在什么地方使用什么模型以及每个模型对于数据的要求，并特别强调了数据可视化在展现聚类解决方法时的重要性。

第 7 章

构建零售推荐引擎

在互联网时代，所有从互联网上可获取到的信息并不是对每个人都有用。不同的公司和机构使用不同的方法来找出与其受众相关的内容。基于建立为用户提供建议的推荐，人们开始通过构建算法来创建相关评分。在我的日常生活中，每次浏览谷歌上的一张图片，谷歌会推荐 3～4 张其他图片给我；每次在 YouTube 上寻找一些视频，YouTube 会推荐 10 个以上的视频给我；每次到亚马逊上购买商品时，亚马逊会推荐 5～6 个商品给我；还有每次阅读一篇博客或文章时，相关网站会推荐更多的文章和博客给我。这是算法在基于用户偏好或选择推荐一些东西时的功能体现，因为用户的时间是宝贵的，而互联网上有用的内容是有限的。因此，推荐系统帮助机构根据用户偏好来定制他们的服务，从而用户无须耗时探索。

在这一章，读者将学到以下知识点，并使用 R 语言进行实施：

- 什么是推荐？它是怎么运作的？
- 执行推荐的类型和方法。
- 使用 R 实现产品推荐。

7.1 什么是推荐

推荐是一种方法或技术，即通过一个算法发现用户在关注什么。推荐的内容可以是产品、服务、食品、视频、音频、图片、新文章等。如果我们看看周遭并留心每日都在互联网上看了什么，就会更明白什么是推荐。例如，浏览一个新闻聚合网站并查看他们如何给用户推荐文章。他们查看标签、文章加载到互联网的时间、评论数、点赞数、分享数以及地理位置，再结合其他细节信息，通过对这些元数据建模获得一个评分，然后根据评分开始给新用户推荐文章。同样的事情也发生在我们在 YouTube 上观看视频时。啤酒推荐系统也与此类似，用户任意选择啤酒，然后基于用户第一次选择的产品，算法根据相似用户的历史购买记录推荐其他的啤酒。同样的事情也发生在我们从电子商务网站上购买商品的时候。

7.1.1 商品推荐类型

广泛地讲，现有 4 种不同类型的推荐系统：
- 基于内容的推荐
- 基于协同过滤的推荐
- 基于地域划分的推荐
- 基于关联规则的推荐

在基于内容的推荐中，术语和概念（也称关键词）决定了相关度。如果用户正在阅读的某一网页的匹配关键词也被发现在互联网的其他内容中，则开始计算词频数并给出一个评分，然后根据评分将最接近的文章展示给用户。在基于内容的方法中，文本用于寻找两个文本的匹配从而生成推荐。

协同过滤有两个变体：基于用户的协同过滤和基于词的协同过滤。

对于基于用户的协同过滤，用户－用户相似度由算法计算，接着根据他们的偏好生成推荐。对于基于词的协同过滤，词－词相似度用于生成推荐。

对于基于地域划分的推荐，要考虑年龄、性别、婚姻状况和用户地址，并结合他们的收入、工作或其他可获得的特征来生成用户分类。一旦创建了分类，在分类水平中最热门的产品将被识别出来，然后被推荐给属于对应分类的新用户。

7.1.2 实现推荐问题的方法

要过滤出线上冗余的信息以及给用户推荐有用的信息是创建推荐系统的出发点。那么，协同过滤是怎么运作的呢？协同过滤算法根据与活动用户最相似的用户子集生成推荐。每次请求一个推荐，算法需要计算活动用户与其他所有用户的相似度，根据他们共同打分的商品选出那些有相似行为的。之后算法给活动用户推荐与他/她最相似的用户评价最高的商品。

为了计算用户之间的相似度，有人提出了一些相似度测度，例如皮尔森相似度余弦向量相似度、斯皮尔曼相似度、熵不确定性测度以及平均平方差。我们来看使用 R 计算和实施背后的数学公式。

协同过滤算法的宗旨是根据用户之前的喜好和其他相似用户的意见推荐新商品或预测该特定用户对于一个特定商品的使用度。

基于记忆的算法利用整个用户 – 商品数据库生成一个预测。这些系统通过统计方法找出一组用户（或称邻域），亦即其历史与目标用户匹配（他们要么对同样的物品评价类似，要么倾向于买相似的物品集）。一旦构建了用户的一个邻域，这些系统使用不同的算法来结合邻近者的偏好来生成一个预测或前 N 个推荐。这种方法也称为最邻近邻域或基于用户的协同过滤法，在实际中应用广泛。

基于模型的协同过滤算法通过首先开发一个用户评分模型提供物品推荐。这一类算法采取了概率方法，将协同过滤过程视为根据用户对其他物品的评价对用户预测期望值的计算。模型创建过程由不同机器学习算法实现，例如贝叶斯网络、聚类和基于规则的方法。

基于物品的协同过滤算法中至关重要的一步是计算物品之间的相似度，然后选择最相似的物品。计算两个物品 i 和 j 之间相似度的基本想法是先分离出给这两个物品评了分的用户，然后采用一个相似度计算方法确定相似度 $S(i,j)$。

有很多种方法可用于计算物品之间的相似度。这里仅介绍其中的三种。它们是余弦相似度、相关相似度和调整版余弦相似度：

- **余弦相似度**：两个物品被看作两个在 m 维用户空间的向量。它们之间的相似度通过计算向量之间的余弦夹角测得

$$\text{similarity} = \cos(\theta) = \frac{\mathbf{A} \cdot \mathbf{B}}{\|\mathbf{A}\| \, \|\mathbf{B}\|} = \frac{\sum_{i=1}^{n} A_i B_i}{\sqrt{\sum_{i=1}^{n} A_i^2} \sqrt{\sum_{i=1}^{n} B_i^2}}$$

以上为计算两个向量之间余弦相似度的公式。我们以一个数值例子来计算余弦相似度

$$\cos(d1, d2) = 0.44$$

d1	d2	d1*d2	||d1||	||d2||	||d1||*||d2||
6	1	6	36	1	36
4	0	0	16	0	0
5	3	15	25	9	225
1	2	2	1	4	4
0	5	0	0	25	0
2	0	0	4	0	0
4	6	24	16	36	576
0	5	0	0	25	0
3	0	0	9	0	0
6	1	6	36	1	36
		53	143	101	877
			11.958 26	10.049 88	

所以，d1 和 d2 的余弦相似度是 44%。

$$\cos(d1, d2) = 0.441008707$$

- **相关相似度**：两个物品 i 和 j 之间的相似度通过计算 Pearson-r 相关度 corr 测得。为了使相关计算准确，我们必须先将共同评分的情况分离。
- **调整版余弦相似度**：基于用户的协同过滤与基于物品的协同过滤在相似度计算有本质的不同——基于用户的协同过滤的相似度是按矩阵的行计算的，而基于物品的协同过滤的相似度是按列计算的，亦即在共同评分集合的每一对都对应了一个不同的用户。使用基本的余弦测量计算相似度在基于物品的时候有一个缺陷——没有考虑到不同用户的评分标尺不同。调整后的余弦相似度从每一对共同评分对中减去对应的用户平均值，由此弥补了这个缺陷。如上表所示，共同评分集合对应了不同用户，用户在表的不同行中。

7.2 前提假设

本章使用到的数据集包括 100 个笑话和 500 位用户，是 recommenderlab 库中内置的数据集。该数据集包括用户真实的评分，评分区域为 –10 至 +10，–10 是最糟糕的笑话，+10 是最好的笑话。我们将利用这个数据集实施一些推荐算法。使用这个数据集，目标是根据新用户过往的偏好给他们推荐笑话。

7.3 什么时候采用什么方法

虽然有 4 种类型的推荐方法，但现在的问题是什么时候采用什么方法。如果商品或物品是批量购买的，实践者最好应用关联规则（亦称购物篮分析）。在零售或电商领域，物品通常都是大规模购买的。所以当一个用户添加某个商品到购物篮时，我们可以根据反映了多数买家的聚合购物篮因子，将其他商品推荐给他。

如果对一组物品或商品的评分或评价是显而易见的，那么有理由应用基于用户的协同过滤。如果对少数物品的评分有缺失，而数据仍然可以修复，则一旦预测出缺失的评分，可计算出用户相似度然后生成推荐。对于基于用户的协同过滤，数据如下所示：

User	Item1	Item2	Item3	Item4	Item5	Item6
user1	−7.82	8.79	−9.66	−8.16	−7.52	−8.5
user2	4.08	−0.29	6.36	4.37	−2.38	−9.66
user3					9.03	9.27
user4		8.35			1.8	8.16
user5	8.5	4.61	−4.17	−5.39	1.36	1.6
user6	−6.17	−3.54	0.44	−8.5	−7.09	−4.32
user7					8.59	−9.85
user8	6.84	3.16	9.17	−6.21	−8.16	−1.7
user9	−3.79	−3.54	−9.42	−6.89	−8.74	−0.29
user10	3.01	5.15	5.15	3.01	6.41	5.15

如果输入是二元矩阵，1 和 0 代表商品是购买了还是没购买，那么建议采用基于物品的协同过滤推荐。样本数据集见下表：

User	Item1	Item2	Item3	Item4	Item5	Item6
user1	1	1	1	1	1	0
user2	1	1	0	0	1	
user3	0	0		1	0	0
user4	0	1	1		1	1
user5	1	0		1	0	
user6	0	0	1			0
user7		1	0	0	1	1
user8	1	0	1	1	0	
user9	0	1	0	0		0
user10	1	0	1	1	1	1

如果提供了商品详细描述和物品描述并且收集了用户的搜索查询，那么相似度可使用基于内容的协同过滤测得：

Title	Search query
Celestron LAND AND SKY 50TT Telescope	good telescope
(S5) 5-Port Mini Fast Ethernet Switch S5	mini switch
(TE-S16)Tenda 10/100 Mbps 16 Ports Et...	ethernet ports
(TE-TEH2400M) 24-Port 10/100 Switch	ethernet ports
(TE-W300A) Wireless N300 PoE Access P...	ethernet ports
(TE-W311M) Tenda N150 Wireless Adapte...	wireless adapter
(TE-W311M) Tenda N150 Wireless Adapte...	wireless adapter
(TE-W311MI) Wireless N150 Pico USB Ad...	wireless adapter
101 Lighting 12 Watt Led Bulb - Pack Of 2	led bulb
101 Lighting 7 Watt Led Bulb - Pack Of 2	led bulb

7.4 协同过滤的局限

基于用户的协同过滤系统在过去已经获得了相当的成功，但它们的广泛使用也暴露了一些问题，例如：

- **稀疏度**：实际应用中，许多商业推荐系统用于评估大规模物品集合（例如，Amazon.com 推荐书籍，CDNow.com 推荐音乐唱片）。在这些系统中，即使是活跃用户，也只能购买物品的万分之一。因此，基于最邻近算法的推荐系统也许不能针对某位用户做出任何物品推荐。最终带来的结果是，推荐的准确率也许会很低。
- **规模性**：最邻近算法需要的计算量随着用户数量和物品数量增长而增长。对于成百万的用户和物品，一个典型的基于网络的推荐系统，如果还运行现存的算法，将会出现严重的计算问题。

7.5 实际项目

这里用到的数据集包含一个 5000 位用户的样本，源自 Jester Online Joke Recommender System 收集到的 1999 年 4 月至 2003 年 5 月的匿名评分数据（Goldberg, Roeder,

Gupta 和 Perkins2001)。这个数据集包含了 100 个玩笑的评分，评分区域为 −10 ~ 10。数据集中的所有用户均至少评价过 36 个笑话。让我们导入 recommenderlab 库和 Jester5K 数据集：

```
> library("recommenderlab")
> data(Jester5k)
> Jester5k@data@Dimnames[2]
[[1]]
  [1] "j1"   "j2"   "j3"   "j4"   "j5"   "j6"   "j7"   "j8"   "j9"
 [10] "j10"  "j11"  "j12"  "j13"  "j14"  "j15"  "j16"  "j17"  "j18"
 [19] "j19"  "j20"  "j21"  "j22"  "j23"  "j24"  "j25"  "j26"  "j27"
 [28] "j28"  "j29"  "j30"  "j31"  "j32"  "j33"  "j34"  "j35"  "j36"
 [37] "j37"  "j38"  "j39"  "j40"  "j41"  "j42"  "j43"  "j44"  "j45"
 [46] "j46"  "j47"  "j48"  "j49"  "j50"  "j51"  "j52"  "j53"  "j54"
 [55] "j55"  "j56"  "j57"  "j58"  "j59"  "j60"  "j61"  "j62"  "j63"
 [64] "j64"  "j65"  "j66"  "j67"  "j68"  "j69"  "j70"  "j71"  "j72"
 [73] "j73"  "j74"  "j75"  "j76"  "j77"  "j78"  "j79"  "j80"  "j81"
 [82] "j82"  "j83"  "j84"  "j85"  "j86"  "j87"  "j88"  "j89"  "j90"
 [91] "j91"  "j92"  "j93"  "j94"  "j95"  "j96"  "j97"  "j98"  "j99"
[100] "j100"
```

下图呈现了 2000 位用户的真实评分的分布情况：

```
> data<-sample(Jester5k,2000)
> hist(getRatings(data),breaks=100,col="blue")
```

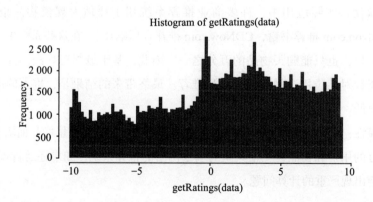

输入数据集包含了每个单独的评分，正态函数通过将行中心化来降低每个评分的偏差，也即标准分数转换。每个元素减去均值然后除以标准差。下图展示了对于之前的数据集的标准化评分：

```
> hist(getRatings(normalize(data)),breaks=100,col="blue4")
```

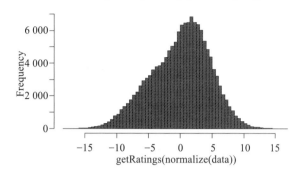

下面创建一个推荐系统：

使用 recommender() 函数创建一个推荐引擎。用户可使用 recommenderRegistry$get_entries 函数添加一个新推荐算法：

```
> recommenderRegistry$get_entries(dataType = "realRatingMatrix")
$IBCF_realRatingMatrix
Recommender method: IBCF
Description: Recommender based on item-based collaborative filtering (real
data).
Parameters:
k method normalize normalize_sim_matrix alpha na_as_zero minRating
1 30 Cosine center FALSE 0.5 FALSE NA
$POPULAR_realRatingMatrix
Recommender method: POPULAR
Description: Recommender based on item popularity (real data).
Parameters: None
$RANDOM_realRatingMatrix
Recommender method: RANDOM
Description: Produce random recommendations (real ratings).
Parameters: None
$SVD_realRatingMatrix
Recommender method: SVD
Description: Recommender based on SVD approximation with column-mean
imputation (real data).
Parameters:
k maxiter normalize minRating
1 10 100 center NA
$SVDF_realRatingMatrix
Recommender method: SVDF
Description: Recommender based on Funk SVD with gradient descend (real
data).
Parameters:
k gamma lambda min_epochs max_epochs min_improvement normalize
1 10 0.015 0.001 50 200 1e-06 center
minRating verbose
1 NA FALSE
$UBCF_realRatingMatrix
Recommender method: UBCF
```

```
Description: Recommender based on user-based collaborative filtering (real
data).
Parameters:
 method nn sample normalize minRating
1 cosine 25  FALSE  center      NA
```

上面的 Registry 命令有助于识别 recommenderlab 中可用的方法、模型的参数。

有 6 种不同的方法实施推荐系统：流行度、基于物品、基于用户、主要成分分析（PCA）、随机和奇异值分解（SVD）。我们先使用流行度方法创建一个推荐引擎：

```
> rc <- Recommender(Jester5k, method = "POPULAR")
> rc
Recommender of type 'POPULAR' for 'realRatingMatrix'
learned using 5000 users.
> names(getModel(rc))
[1] "topN"  "ratings"
[3] "minRating"  "normalize"
[5] "aggregationRatings"  "aggregationPopularity"
[7] "minRating"  "verbose"
> getModel(rc)$topN
Recommendations as 'topNList' with n = 100 for 1 users.
```

诸如 topN、verbose、aggregationPopularity 等对象都通过 getmodel() 命令输出。

```
recom <- predict(rc, Jester5k, n=5)
recom
```

为了生成推荐，我们可以对同一个数据集使用 predict 函数，然后验证预测模型的准确度。这里我们给每一位用户生成前 5 个推荐笑话。预测结果如下：

```
> head(as(recom,"list"))
$u2841
[1] "j89" "j72" "j76" "j88" "j83"
$u15547
[1] "j89" "j93" "j76" "j88" "j91"
$u15221
character(0)
$u15573
character(0)
$u21505
[1] "j89" "j72" "j93" "j76" "j88"
$u15994
character(0)
```

对于同一个 Jester5K 数据集，我们尝试使用**基于物品的协同过滤**（IBCF）：

```
> rc <- Recommender(Jester5k, method = "IBCF")
> rc
Recommender of type 'IBCF' for 'realRatingMatrix'
learned using 5000 users.
> recom <- predict(rc, Jester5k, n=5)
```

```
> recom
Recommendations as 'topNList' with n = 5 for 5000 users.
> head(as(recom,"list"))
$u2841
[1] "j85" "j86" "j74" "j84" "j80"
$u15547
[1] "j91" "j87" "j88" "j89" "j93"
$u15221
character(0)
$u15573
character(0)
$u21505
[1] "j78" "j80" "j73" "j77" "j92"
$u15994
character(0)
```

主成分分析（PCA）方法不适用于实际的评分数据集，因为得到的相关性矩阵和其后的特征向量以及特征值计算也许不准确，所以这里不展示其应用。接下来展示随机方法是怎么应用的：

```
> rc <- Recommender(Jester5k, method = "RANDOM")
> rc
Recommender of type 'RANDOM' for 'ratingMatrix'
learned using 5000 users.
> recom <- predict(rc, Jester5k, n=5)
> recom
Recommendations as 'topNList' with n = 5 for 5000 users.
> head(as(recom,"list"))
[[1]]
[1] "j90" "j74" "j86" "j78" "j85"
[[2]]
[1] "j87" "j88" "j74" "j92" "j79"
[[3]]
character(0)
[[4]]
character(0)
[[5]]
[1] "j95" "j86" "j93" "j78" "j83"
[[6]]
character(0)
```

在推荐引擎中，SVD 方法用于预测缺失的评价，使得推荐能够生成。使用**奇异值分解**（SVD）方法，可生成下面的推荐：

```
> rc <- Recommender(Jester5k, method = "SVD")
> rc
Recommender of type 'SVD' for 'realRatingMatrix'
learned using 5000 users.
> recom <- predict(rc, Jester5k, n=5)
> recom
Recommendations as 'topNList' with n = 5 for 5000 users.
> head(as(recom,"list"))
```

```
$u2841
[1] "j74" "j71" "j84" "j79" "j80"
$u15547
[1] "j89" "j93" "j76" "j81" "j88"
$u15221
character(0)
$u15573
character(0)
$u21505
[1] "j80" "j73" "j100" "j72" "j78"
$u15994
character(0)
```

基于用户的协同过滤的结果如下所示：

```
> rc <- Recommender(Jester5k, method = "UBCF")
> rc
Recommender of type 'UBCF' for 'realRatingMatrix'
learned using 5000 users.
> recom <- predict(rc, Jester5k, n=5)
> recom
Recommendations as 'topNList' with n = 5 for 5000 users.
> head(as(recom,"list"))
$u2841
[1] "j81" "j78" "j83" "j80" "j73"
$u15547
[1] "j96" "j87" "j89" "j76" "j93"
$u15221
character(0)
$u15573
character(0)
$u21505
[1] "j100" "j81" "j83" "j92" "j96"
$u15994
character(0)
```

现在我们来比较通过 PCA 以外的 5 种不同算法得到的结果。之所以未将 PCA 纳入比较范畴，是因为 PCA 需要一个二进制数据集，而且它不适用于实际的评分矩阵。

Popular	IBCF	Random method	SVD	UBCF
> head(as(recom,"list"))	> head(as(recom,"list"))	> head(as(recom,"list"))	> head(as(recom,"list"))	> head(as(recom,"list"))
$u2841	$u2841	[[1]]	$u2841	$u2841
[1] "j89" "j72" "j76" "j88" "j83"	[1] "j85" "j86" "j74" "j84" "j80"	[1] "j90" "j74" "j86" "j78" "j85"	[1] "j74" "j71" "j84" "j79" "j80"	[1] "j81" "j78" "j83" "j80" "j73"
$u15547	$u15547	[[2]]	$u15547	$u15547
[1] "j89" "j93" "j76" "j88" "j91"	[1] "j91" "j87" "j88" "j89" "j93"	[1] "j87" "j88" "j74" "j92" "j79"	[1] "j89" "j93" "j76" "j81" "j88"	[1] "j96" "j87" "j89" "j76" "j93"
$u15221	$u15221	[[3]]	$u15221	$u15221
character(0)	character(0)	character(0)	character(0)	character(0)

（续）

Popular	IBCF	Random method	SVD	UBCF
$u15573	$u15573	[[4]]	$u15573	$u15573
character(0)	character(0)	character(0)	character(0)	character(0)
$u21505	$u21505	[[5]]	$u21505	$u21505
[1] "j89" "j72" "j93" "j76" "j88"	[1] "j78" "j80" "j73" "j77" "j92"	[1] "j95" "j86" "j93" "j78" "j83"	[1] "j80" "j73" "j100" "j72" "j78"	[1] "j100" "j81" "j83" "j92" "j96"
$u15994	$u15994	[[6]]	$u15994	$u15994
character(0)	character(0)	character(0)	character(0)	character(0)

从上表所示的内容可以明显看到，5个算法对用户15573和15521都没有生成一个推荐，因此关注评估推荐结果的方法很重要。为了验证模型的准确性，我们来实施准确率测量并比较模型的准确率。

对于模型结果的测量，数据集中90%的数据用于实训，10%用于测试算法。好评分的定义更新为5：

```
> e <- evaluationScheme(Jester5k, method="split",
+ train=0.9,given=15, goodRating=5)
> e
Evaluation scheme with 15 items given
Method: 'split' with 1 run(s).
Training set proportion: 0.900
Good ratings: >=5.000000
Data set: 5000 x 100 rating matrix of class 'realRatingMatrix' with 362106 ratings.
```

下面的脚本用于创建协同过滤模型，将其应用于一个新数据集，以预测评分，然后计算预测准确率。误差矩阵如下所示：

```
> #User based collaborative filtering
> r1 <- Recommender(getData(e, "train"), "UBCF")
> #Item based collaborative filtering
> r2 <- Recommender(getData(e, "train"), "IBCF")
> #PCA based collaborative filtering
> #r3 <- Recommender(getData(e, "train"), "PCA")
> #POPULAR based collaborative filtering
> r4 <- Recommender(getData(e, "train"), "POPULAR")
> #RANDOM based collaborative filtering
> r5 <- Recommender(getData(e, "train"), "RANDOM")
> #SVD based collaborative filtering
> r6 <- Recommender(getData(e, "train"), "SVD")
> #Predicted Ratings
> p1 <- predict(r1, getData(e, "known"), type="ratings")
> p2 <- predict(r2, getData(e, "known"), type="ratings")
> #p3 <- predict(r3, getData(e, "known"), type="ratings")
> p4 <- predict(r4, getData(e, "known"), type="ratings")
> p5 <- predict(r5, getData(e, "known"), type="ratings")
```

```
> p6 <- predict(r6, getData(e, "known"), type="ratings")
> #calculate the error between the prediction and
> #the unknown part of the test data
> error <- rbind(
+ calcPredictionAccuracy(p1, getData(e, "unknown")),
+ calcPredictionAccuracy(p2, getData(e, "unknown")),
+ #calcPredictionAccuracy(p3, getData(e, "unknown")),
+ calcPredictionAccuracy(p4, getData(e, "unknown")),
+ calcPredictionAccuracy(p5, getData(e, "unknown")),
+ calcPredictionAccuracy(p6, getData(e, "unknown"))
+ )
> rownames(error) <- c("UBCF","IBCF","POPULAR","RANDOM","SVD")
> error
         RMSE      MSE      MAE
UBCF    4.485571 20.12034 3.511709
IBCF    4.606355 21.21851 3.466738
POPULAR 4.509973 20.33985 3.548478
RANDOM  7.917373 62.68480 6.464369
SVD     4.653111 21.65144 3.679550
```

从以上结果可知，与其他推荐方法相比，UBCF 的误差最低。所以要评估预测模型的结果，我们使用 k 折交叉验证方法，k 默认取 4：

```
> #Evaluation of a top-N recommender algorithm

> scheme <- evaluationScheme(Jester5k, method="cross", k=4,
+ given=3,goodRating=5)
> scheme
Evaluation scheme with 3 items given
Method: 'cross-validation' with 4 run(s).
Good ratings: >=5.000000
Data set: 5000 x 100 rating matrix of class 'realRatingMatrix' with 362106
ratings.
```

评估方案中的模型结果会显示针对不同模型的不同交叉验证的结果的运行时间和预测时间，结果如下所示：

```
> results <- evaluate(scheme, method="POPULAR", n=c(1,3,5,10,15,20))
POPULAR run fold/sample [model time/prediction time]
    1  [0.14sec/2.27sec]
    2  [0.16sec/2.2sec]
    3  [0.14sec/2.24sec]
    4  [0.14sec/2.23sec]
> results <- evaluate(scheme, method="IBCF", n=c(1,3,5,10,15,20))
IBCF run fold/sample [model time/prediction time]
    1  [0.4sec/0.38sec]
    2  [0.41sec/0.37sec]
    3  [0.42sec/0.38sec]
    4  [0.43sec/0.37sec]
> results <- evaluate(scheme, method="UBCF", n=c(1,3,5,10,15,20))
UBCF run fold/sample [model time/prediction time]
    1  [0.13sec/6.31sec]
```

```
2 [0.14sec/6.47sec]
3 [0.15sec/6.21sec]
4 [0.13sec/6.18sec]
> results <- evaluate(scheme, method="RANDOM", n=c(1,3,5,10,15,20))
RANDOM run fold/sample [model time/prediction time]
1 [0sec/0.27sec]
2 [0sec/0.26sec]
3 [0sec/0.27sec]
4 [0sec/0.26sec]
> results <- evaluate(scheme, method="SVD", n=c(1,3,5,10,15,20))
SVD run fold/sample [model time/prediction time]
1 [0.36sec/0.36sec]
2 [0.35sec/0.36sec]
3 [0.33sec/0.36sec]
4 [0.36sec/0.36sec]
```

混淆矩阵显示了每个模型准确率的水平。我们可以利用测度（如精确率）、回收率和TPR、FPR等测量准确率。结果显示如下：

```
> getConfusionMatrix(results)[[1]]
TP FP FN TN precision recall TPR FPR
1 0.2736 0.7264 17.2968 78.7032 0.2736000 0.01656597 0.01656597 0.008934588
3 0.8144 2.1856 16.7560 77.2440 0.2714667 0.05212659 0.05212659 0.027200530
5 1.3120 3.6880 16.2584 75.7416 0.2624000 0.08516269 0.08516269 0.046201487
10 2.6056 7.3944 14.9648 72.0352 0.2605600 0.16691259 0.16691259
0.092274243
15 3.7768 11.2232 13.7936 68.2064 0.2517867 0.24036802 0.24036802
0.139945095
20 4.8136 15.1864 12.7568 64.2432 0.2406800 0.30082509 0.30082509
0.189489883
```

在零售/电商领域，关联规则作为一种用来创建商品推荐的推荐引擎方法，相关内容参见第4章。

小结

本章介绍了多种推荐产品的方法。我们了解了推荐产品给用户的不同方法，例如基于他们的购买模式、内容、物品对物品比较等。就我们所关心的准确率而言，基于用户的协同过滤总是会在以真实评分矩阵作为输入的情况下给出更好的结果。同样，对于特定的使用场景，方法的选择真的很困难，所以建议应用6种不同的方法，最好的方法应能自动被选取，推荐也应得到自动更新。

Chapter 8 第8章

降　维

本章将介绍进行分析时用于降维的多种方法。在数据挖掘中，人们习惯使用**主成分分析**（PCA）作为数据降维方法。即使在如今的大数据时代，PCA仍然有效，不过与此同时许多其他的方法也被用于降维。随着数据规模和种类的增长，数据的维度也在不断增加。降维技术在不同行业有着很多应用，比如图像处理、音频识别、推荐引擎、文本处理等。这些应用领域最主要的问题不仅仅是数据的高维度，还有数据的高稀疏度。稀疏度的意思是数据集中的很多列缺失或为空值。

在这一章，我们将在一个实际数据集上使用R语言实现降维技术，如PCA、**奇异值分解**（SVD）以及迭代特征提取方法。

本章主要包括以下内容：

❑ 为什么降维是一个业务问题？它对预测模型可能造成什么影响？
❑ 不同的技术以及它们相应的优缺点和数据需求等。
❑ 在什么情况下使用哪种技术，以及计算背后的一点数学理论。
❑ 基于R语言的项目实现和结果解释。

8.1　为什么降维

在各种统计分析模型中，特别是在表现因变量和一组自变量之间的因果关系时，如果自变量的个数上升至一个不可处理的级别（如大于 100 个），这时要逐一理解每个变量就很困难。例如，预测天气时，现今的低成本传感器安装在多个地方，这些传感器提供的信号和数据存储在数据仓库中。当由 1000 个以上的传感器提供数据时，理解其运作模式是很重要的，或者至少要知晓哪些传感器在有效地执行所需任务。

再来看一个例子，以业务角度来看，如果超过 30 个特征在影响着一个因变量（比如销售额），那么业务负责人无法控制全部 30 个因子，也无法为 30 个维度制订策略。

当然，业务负责人会对能解释数据中 80% 因变量的 3～4 个维度感兴趣。由上面两个例子可知，维度显然仍是一个重要的业务问题。除了顾及业务和数据规模，还有诸如计算成本、数据存储成本等原因。如果一组维数对目标变量或目标函数没有任何意义，为什么还要将它存储在数据库中呢？

降维在应用大数据挖掘实施监督学习和非监督学习任务时都是有用的，如：

❑ 识别变量协同工作的模式。

❑ 表现低维空间中的关系。

❑ 压缩用于进一步分析的数据，使得冗余的特征可被移除。

❑ 减少自由度的简化特征集可防止过拟合。

❑ 在简化特征集上运行算法会比在基础特征上快很多。

数据降维的两个要点是：第一，数据中强相关的向量意味着高冗余；第二，最重要的维通常方差也高。在做降维时，记住这些要点以及对过程做必要调整很重要。

因此，降维是重要的。同时，通过关注太多的变量来控制或监控预测模型的目标变量也并非良策。在多元变量研究中，自变量之间的关联不仅影响着经验似然函数，也通过协方差矩阵影响着特征值和特征向量。

适用的降维方法

降维技术可分为两大类：有参数或基于模型的特征简化以及无参数的特征简化。在无参数的特征简化技术中，先降低数据维数，然后结果数据可用于创建监督或非监督的分类或预测模型。有参数的方法则强调改变特征，同时监测模型的总体表现及准确率，据此确定需要多少特征来表现模型。下面列出在数据挖掘中常用的降维技术：

❑ 无参数方法。

- PCA 方法
- 有参数方法

- 向前特征选取
- 向后特征选取

我们将使用 R 编程语言及一个数据集详细讨论这些方法。除了之前提到的这些技术，还有一些不太流行的技术，如移除低方差的变量（因这些变量没有给目标变量增加太多信息），还有移除有太多缺失值的变量。后一种属于缺失值处理方法，但仍然可用于简化一个高维数据集的特征集。在 R 中有两个函数，prcomp() 和 princomp()，但它们使用两个略微不同的方法，princomp() 使用特征向量而 prcomp() 使用 SVD 方法。一些研究人员偏好 prcomp() 函数胜过 princomp() 函数。我们将在本章用到这两个函数。

什么情况下采用什么方法

技术的使用实际上取决于研究人员在数据中关注的是什么。如果关注的是隐藏特征并想将数据在低维空间展现，那么 PCA 是应该选择的方法。如果关注的是创建一个好的分类或预测模型，那么先执行 PCA 就不是个好主意，应该优先纳入所有特征，然后通过某种参数方法（例如向前特征选取或向后特征选取）来移除冗余的特征。技术的选择取决于数据的可用性、问题陈述以及计划执行的任务。

主成分分析

PCA 是一种多元统计数据分析技术，只适用于变量是数值型的数据集，用于计算原始变量的线性组合以及那些在特征空间相互正交的主成分。PCA 方法使用特征值和特征向量计算主要成分，即原始变量的一个线性组合。PCA 可用于回归建模以解决数据集中多元共线性的问题，也可用于聚类问题以理解单独组的行为或数据中存在的分类。

PCA 假设变量是线性相关的，从而构建主要成分和高方差的变量，展现的不一定是最佳特征。主成分分析基于以下定理：

- 正交矩阵的逆是它的转置。
- 原始的矩阵乘以原始矩阵的转置是对称的。
- 如果一个矩阵是一个正交对角矩阵，则它是对称型。
- 使用方差矩阵（而不是相关性矩阵）计算成分。

实现主成分分析的步骤如下：

1）找一个数值型数据集。如果有任何分类变量，将它从数据集中移除，以便在余下的变量上做数学运算。

2）为了使 PCA 顺利执行，应进行数据标准化操作，即将每个变量扣除列平均值，确保转换后的数据的变量平均值等于 0。

采用下面的标准化公式

$$norm(x)=x_i-\bar{x}$$

3）在简化的数据集上计算协方差矩阵。协方差是对两个变量的相互影响进行衡量的一种方法。协方差矩阵呈现了所有不同维度之间所有可能的协方差值

$$cov(x,y)=\frac{\sum_{i=1}^{n}(x_i-\bar{x})(y_i-\bar{y})}{n-1}$$

协方差的正负号比它的值更重要，正的协方差值表示两个维度一起增长或降低。同理，负的协方差表示若一个维度增长，则另一个维度在降低。如果协方差值是 0，代表两个维度相互独立且互无关系。

4）计算协方差矩阵的特征向量和特征值。所有特征向量都由一个方阵生成，但不是所有方阵都可以生成一个特征向量。一个矩阵的所有特征向量两两正交。

5）取由大到小排列的特征值组成一个特性向量（feature vector）。特征值最高的特征向量是数据集的主要成分。由协方差矩阵和由大到小排列的特征值可识别出特征向量：

```
Feature Vector = (Eigen1, Eigen2 , ... , Eigen 14)
```

6）用特性向量的转置和标准化后数据的转置创建低维数据。为了得到低维数据，我们将特性向量的转置与标准化后数据的转置相乘。

我们在下一节实现这些步骤。

8.2　降维实际项目

我们将应用降维过程，通过基于模型方法和基于主成分方法，从数据集中得到更少的特征，以便利用这些特征将顾客划分为拖欠者与非拖欠者。

我们将以一个信用卡拖欠数据集 clients.csv 作为实际项目，其中包含 30 000 个样本和 24 个属性（或称维度）。我们将实现两种特征简化方法：传统方法和现代机器学习方法。

属性描述

以下是对数据集中属性的描述：

- X1：已有信用额度（NT美元）。其中包括单一的顾客信用额度及其家庭（补充）的信用额度。
- X2：性别（1 = 男，2 = 女）。
- X3：教育（1 = 研究生，2 = 本科，3 = 高中，4 = 其他）。
- X4：婚姻状态（1 = 已婚，2 = 单身，3 = 其他）。
- X5：年龄（年）。
- X6 ~ X11：过往支付历史。我们跟踪了过去每月支付记录（从2005年4月 ~ 2005年9月）：
  - X6 = 2005年9月的还款情况
  - X7 = 2005年8月的还款情况……
  - X11 = 2005年4月的还款情况。对还款情况的量度为：−1 = 按时付款，1 = 拖欠1个月付款，2 = 拖欠2个月付款，……，8 = 拖欠8个月付款，9 = 拖欠9个月付款，等等。
- X12 ~ X17：账单金额（NT美元）。
  - X12 = 2005年9月的账单金额
  - X13 = 2005年8月的账单金额
  - ……
  - X17 = 2005年4月的账单金额
- X18 ~ X23：已付款金额（NT美元）。
  - X18 = 2005年9月已付款金额
  - X19 = 2005年8月已付款金额
  - ……
  - X23 = 2005年4月已付款金额

让我们在导入数据集之后做必要的标准化和转换：

```
> setwd("select the working directory")
> default<-read.csv("default.csv")
corrplot::corrplot(cor(df),method="ellipse")
```

由上面的相关性矩阵，X12 ~ X17的不同变量之间显然有着强相关性，也许可以利用 PCA 将它们作为线性组合合并到一起。下图展现不同变量之间的相关性：

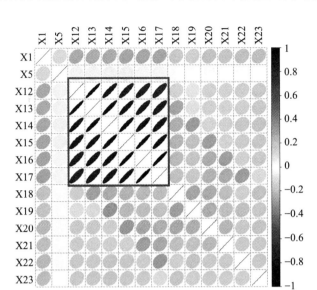

在上面的相关性图中，相关性的强度反映在椭圆的大小和颜色变化中。变量 X12 与变量 X13 ~ X17 有高度的正相关性，相关值超过 80%。

第 1 行包括变量描述，有一些列是分类型，我们需要将这些从数据集中移除。另有一些变量显示为分类型，因此需要转换回数值模式：

```
> df<-default[-1,-c(1,3:5,7:12,25)]
> func1<-function(x){
+ as.numeric(x)
+ }
> df<-as.data.frame(apply(df,2,func1))
> normalize-function(x){
+ (x-mean(x))
+ }
```

利用 func1，我们将非数值型变量转换为数值型，从而可应用标准化函数（标准化）执行数据标准化。在实施标准化之后，数据集如下所示。要应用主成分分析，我们可以以平均值标准化数据作为输入，或者以原始数据集与相关性或协方差矩阵作为输入。如果不打算标准化数据集，方差最高的变量会变成第一主成分，并由此主导其他相关的主要成分：

```
> dn<-as.data.frame(apply(df,2,normalize))
> str(dn)
'data.frame': 30000 obs. of 14 variables:
```

```
$ X1 : num -147484 -47484 -77484 -117484 -117484 ...
$ X5 : num -11.49 -9.49 -1.49 1.51 21.51 ...
$ X12: num -47310 -48541 -21984 -4233 -42606 ...
$ X13: num -46077 -47454 -35152 -946 -43509 ...
$ X14: num -46324 -44331 -33454 2278 -11178 ...
$ X15: num -43263 -39991 -28932 -14949 -22323 ...
$ X16: num -40311 -36856 -25363 -11352 -21165 ...
$ X17: num -38872 -35611 -23323 -9325 -19741 ...
$ X18: num -5664 -5664 -4146 -3664 -3664 ...
$ X19: num -5232 -4921 -4421 -3902 30760 ...
$ X20: num -5226 -4226 -4226 -4026 4774 ...
$ X21: num -4826 -3826 -3826 -3726 4174 ...
$ X22: num -4799 -4799 -3799 -3730 -4110 ...
$ X23: num -5216 -3216 -216 -4216 -4537 ...
```

运行主成分分析：

```
> options(digits = 2)
> pca1<-princomp(df,scores = T, cor = T)
> summary(pca1)
Importance of components:
Comp.1 Comp.2 Comp.3 Comp.4 Comp.5 Comp.6 Comp.7 Comp.8 Comp.9 Comp.10
Comp.11
Standard deviation 2.43 1.31 1.022 0.962 0.940 0.934 0.883 0.852 0.841
0.514 0.2665
Proportion of Variance 0.42 0.12 0.075 0.066 0.063 0.062 0.056 0.052 0.051
0.019 0.0051
Cumulative Proportion 0.42 0.55 0.620 0.686 0.749 0.812 0.867 0.919 0.970
0.989 0.9936
Comp.12 Comp.13 Comp.14
Standard deviation 0.2026 0.1592 0.1525
Proportion of Variance 0.0029 0.0018 0.0017
Cumulative Proportion 0.9965 0.9983 1.0000
```

主成分（PC）1 解释了数据集中 42% 的变动，主成分 2 解释了数据集中 12% 的变动。这意味着第一个 PC 在 n 维空间中靠近 42% 的数据点。由以上结果可知，前 8 个主成分显然掌握了数据集中 91.9% 的变动。余下约 8% 的变动由其他 6 个主成分解释。现在的问题是应该选择多少个主成分。通常的规则是 80/20，如果数据集中 80% 的变动可由 20% 的主成分解释，共有 14 个变量，我们必须观察多少成分可以累计解释数据集中 80% 的变动。因此，建议根据 80/20 帕累托法则（即"二八定律"），取累积解释了 81% 变动的 6 个主成分。

在一个多元数据集中，成分与原始变量之间的相关性被称作成分载入。主成分的载入如下所示：

```
> #Loadings of Principal Components
> pca1$loadings
Loadings:
```

```
        Comp.1  Comp.2  Comp.3  Comp.4  Comp.5  Comp.6  Comp.7  Comp.8  Comp.9  Comp.10
Comp.11 Comp.12 Comp.13 Comp.14
X1  -0.165  0.301  0.379  0.200  0.111  0.822
X5   0.870 -0.338 -0.331
X12 -0.372 -0.191  0.567  0.416  0.433  0.184 -0.316
X13 -0.383 -0.175  0.136  0.387 -0.345 -0.330  0.645
X14 -0.388 -0.127 -0.114 -0.121  0.123 -0.485 -0.496 -0.528
X15 -0.392 -0.120  0.126 -0.205 -0.523  0.490  0.362  0.346
X16 -0.388 -0.106  0.107 -0.420  0.250 -0.718 -0.227
X17 -0.381  0.165 -0.489  0.513 -0.339  0.428
X18 -0.135  0.383 -0.173 -0.362 -0.226 -0.201  0.749
X19 -0.117  0.408 -0.201 -0.346 -0.150  0.407 -0.280 -0.578  0.110  0.147  0.125
X20 -0.128  0.392 -0.122 -0.245  0.239 -0.108  0.785 -0.153  0.145 -0.125
X21 -0.117  0.349  0.579 -0.499 -0.462  0.124 -0.116
X22 -0.114  0.304  0.609  0.193  0.604  0.164 -0.253
X23 -0.106  0.323  0.367 -0.658 -0.411 -0.181 -0.316
                Comp.1  Comp.2  Comp.3  Comp.4  Comp.5  Comp.6  Comp.7  Comp.8  Comp.9  Comp.10
Comp.11 Comp.12 Comp.13 Comp.14
SS loadings     1.000   1.000   1.000   1.000   1.000   1.000   1.000   1.000   1.000   1.000
1.000   1.000   1.000   1.000
Proportion Var  0.071   0.071   0.071   0.071   0.071   0.071   0.071   0.071   0.071   0.071
0.071   0.071   0.071   0.071
Cumulative Var  0.071   0.143   0.214   0.286   0.357   0.429   0.500   0.571   0.643   0.714
0.786   0.857   0.929   1.000
> pca1
Call:
princomp(x = df, cor = T, scores = T)
Standard deviations:
Comp.1  Comp.2  Comp.3  Comp.4  Comp.5  Comp.6  Comp.7  Comp.8  Comp.9  Comp.10
2.43    1.31    1.02    0.96    0.94    0.93    0.88    0.85    0.84    0.51
Comp.11 Comp.12 Comp.13 Comp.14
0.27    0.20    0.16    0.15
14 variables and 30000 observations.
```

下图显示了主成分解释的方差百分比：

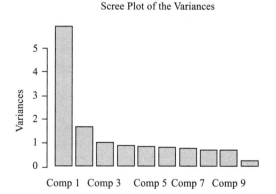

下面的陡坡图显示了应该保留数据集中的几个主成分：

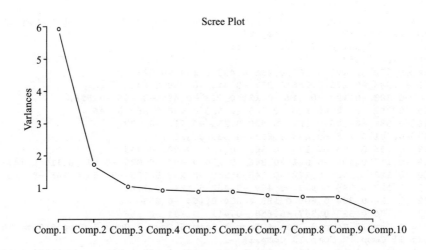

由上面的陡坡图可见，第一主成分的方差最高，然后分别是第二主成分和第三主成分。由图可知，这三个主成分的方差高于其他主成分。

下面的双标图揭示了 n 维空间中主成分的存在：

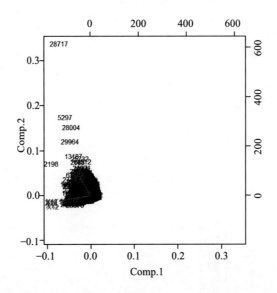

协方差矩阵中对角线上的元素为变量的方差，非对角线上的元素是不同变量之间的协方差：

```
> diag(cov(df))
 X1      X5      X12     X13     X14     X15     X16     X17     X18     X19     X20
1.7e+10 8.5e+01 5.4e+09 5.1e+09 4.8e+09 4.1e+09 3.7e+09 3.5e+09 2.7e+08
5.3e+08 3.1e+08
```

```
X21 X22 X23
2.5e+08 2.3e+08 3.2e+08
```

分数的阐释有些麻烦，因为它们没有任何含义，除非将它们画在由特征向量定义的直线上。PC 分数是各个点对应主轴的坐标。你可以利用特征值提取出特征向量，特征向量描述了解释 PC 值的一条直线。PCA 是多维度归一化的一种方式，因为它将数据以低维度展现而又不丢失变量信息。成分的分数本质上就是成分载荷与均值中心化数据集乘积的线性组合。

当处理多元数据时，可视化及以及围绕它们的确很困难。为了简化特征，我们可以采用 PCA 降低维度，从而可以在低维度绘制、可视化以及预测未来。主要成分之间两两正交，这意味着它们是不相关的。在数据处理阶段，scaling 函数决定了需要什么类型的输入数据矩阵。如果转换方法为均值中心化方法，那么应使用协方差矩阵作为 PCA 的输入数据。如果 scaling 函数用的是标准转换，假设标准差等于 1，那么应以相关矩阵作为输入数据。

现在的问题是在什么地方应该应用哪种转换。如果变量是高偏度，则用标准转换，应采用基于相关性的 PCA。如果输入数据近似对称，则用均值中心化方法，应采用基于协方差的 PCA。

现在我们来看主成分分数：

```
> #scores of the components
> pca1$scores[1:10,]
Comp.1 Comp.2 Comp.3 Comp.4 Comp.5 Comp.6 Comp.7 Comp.8 Comp.9 Comp.10
Comp.11 Comp.12 Comp.13 Comp.14
 [1,]  1.96 -0.54 -1.330  0.1758 -0.0175  0.0029  0.013 -0.057 -0.22  0.020
 0.0169  0.0032 -0.0082 0.00985
 [2,]  1.74 -0.22 -0.864  0.2806 -0.0486 -0.1177  0.099 -0.075  0.29 -0.073
-0.0055 -0.0122  0.0040 0.00072
 [3,]  1.22 -0.28 -0.213  0.0082 -0.1269 -0.0627 -0.014 -0.084 -0.28 -0.016
 0.1125  0.0805  0.0413 -0.05711
 [4,]  0.54 -0.67 -0.097 -0.2924 -0.0097  0.1086 -0.134 -0.063 -0.60  0.144
 0.0017 -0.1381 -0.0183 -0.05794
 [5,]  0.85  0.74  1.392 -1.6589  0.3178  0.5846 -0.543 -1.113 -1.24 -0.038
-0.0195 -0.0560  0.0370 -0.01208
 [6,]  0.54 -0.71 -0.081 -0.2880 -0.0924  0.1145 -0.194 -0.015 -0.58  0.505
 0.0276 -0.1848 -0.0114 -0.14273
 [7,] -15.88 -0.96 -1.371 -1.1334  0.3062  0.0641  0.514  0.771  0.99 -2.890
-0.4219  0.4631  0.3738  0.32748
 [8,]  1.80 -0.29 -1.182  0.4394 -0.0620 -0.0440  0.076 -0.013  0.26  0.046
 0.0484  0.0584  0.0268 -0.04504
 [9,]  1.41 -0.21 -0.648  0.1902 -0.0653 -0.0658  0.040  0.122  0.33 -0.028
-0.0818  0.0296 -0.0605  0.00106
[10,]  1.69 -0.18 -0.347 -0.0891  0.5969 -0.2973 -0.453 -0.140 -0.74 -0.137
 0.0248 -0.0218  0.0028  0.00423
```

特征值越大意味着某一维度的变动越大。下面的脚本演示了如何从相关性矩阵中计算特征值和特征向量：

```
> eigen(cor(df),TRUE)$values
 [1] 5.919 1.716 1.045 0.925 0.884 0.873 0.780 0.727 0.707 0.264 0.071 0.041
 0.025 0.023
head(eigen(cor(df),TRUE)$vectors)
      [,1]   [,2]   [,3]   [,4]    [,5]   [,6]   [,7]    [,8]    [,9]   [,10]
[1,] -0.165  0.301  0.379  0.2004 -0.035 -0.078  0.1114  0.0457  0.822 -0.0291
-0.00617 -0.0157 0.00048
[2,] -0.033  0.072  0.870 -0.3385  0.039  0.071 -0.0788 -0.0276 -0.331 -0.0091
0.00012  0.0013 -0.00015
[3,] -0.372 -0.191  0.034  0.0640 -0.041 -0.044  0.0081 -0.0094 -0.010  0.5667
0.41602  0.4331  0.18368
[4,] -0.383 -0.175  0.002 -0.0075 -0.083 -0.029 -0.0323  0.1357 -0.017  0.3868
0.03836 -0.3452 -0.32953
[5,] -0.388 -0.127 -0.035 -0.0606 -0.114  0.099 -0.1213 -0.0929  0.019  0.1228
-0.48469 -0.4957  0.08662
[6,] -0.392 -0.120 -0.034 -0.0748 -0.029  0.014  0.1264 -0.0392 -0.019
-0.2052 -0.52323 0.4896  0.36210
      [,14]
[1,]  0.0033
[2,]  0.0011
[3,] -0.3164
[4,]  0.6452
[5,] -0.5277
[6,]  0.3462
```

每个主成分的标准差及所有主成分的平均值如下：

```
> pca1$sdev
Comp.1 Comp.2 Comp.3 Comp.4 Comp.5 Comp.6 Comp.7 Comp.8 Comp.9 Comp.10
Comp.11 Comp.12 Comp.13 Comp.14
 2.43 1.31 1.02 0.96 0.94 0.93 0.88 0.85 0.84 0.51 0.27 0.20 0.16 0.15
> pca1$center
X1 X5 X12 X13 X14 X15 X16 X17 X18 X19 X20 X21 X22 X23
-9.1e-12 -1.8e-15 -6.8e-13 -3.0e-12 4.2e-12 4.1e-12 -1.4e-12 5.1e-13
 7.0e-14  4.4e-13  2.9e-13  2.7e-13 -2.8e-13 -3.9e-13
```

使用标准化数据，并以无相关性表作为输入，即可获得下面的结果。我们对比获得的 pca2 模型与 pca1 模型，发现它们的输出没有任何区别：

```
> pca2<-princomp(dn)
> summary(pca2)
Importance of components:
Comp.1 Comp.2 Comp.3 Comp.4 Comp.5 Comp.6 Comp.7 Comp.8 Comp.9 Comp.10
Comp.11 Comp.12 Comp.13 Comp.14
Standard deviation     1.7e+05 1.2e+05 3.7e+04 2.8e+04 2.1e+04 2.0e+04 1.9e+04
 1.7e+04 1.6e+04 1.2e+04 1.0e+04 8.8e+03 8.2e+03 9.1e+00
Proportion of Variance 6.1e-01 3.0e-01 3.1e-02 1.7e-02 9.4e-03 9.0e-03
 7.5e-03 6.4e-03 5.8e-03 3.0e-03 2.4e-03 1.7e-03 1.5e-03 1.8e-09
Cumulative Proportion  6.1e-01 9.1e-01 9.4e-01 9.5e-01 9.6e-01 9.7e-01
```

9.8e-01 9.9e-01 9.9e-01 9.9e-01 1.0e+00 1.0e+00 1.0e+00 1.0e+00

下面的陡坡图显示了组成数据集最大变动的三个主要成分。其中 x 轴显示的是主要成分，y 轴显示的是标准差（variance = square of the standard deviation）。

脚本演示图如下：

```
> result<-round(summary(pca2)[1]$sdev,0)
> #scree plot
> plot(result, main = "Standard Deviation by Principal Components",
+ xlab="Principal Components",ylab="Standard Deviation",type='o')
```

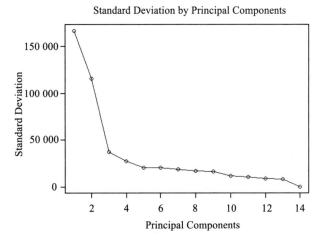

使用 prcomp() 函数，利用 SVD 方法执行降维，可进行如下分析。prcomp() 方法用于接收原始数据集作为输入，它有内置参数，要求设归一化处理为 True：

```
> pca<-prcomp(df,scale. = T)
> summary(pca)
Importance of components:
PC1 PC2 PC3 PC4 PC5 PC6 PC7 PC8 PC9 PC10
Standard deviation 2.433 1.310 1.0223 0.9617 0.9400 0.9342 0.8829 0.8524 0.8409 0.5142
Proportion of Variance 0.423 0.123 0.0746 0.0661 0.0631 0.0623 0.0557 0.0519 0.0505 0.0189
Cumulative Proportion 0.423 0.545 0.6200 0.6861 0.7492 0.8115 0.8672 0.9191 0.9696 0.9885
PC11 PC12 PC13 PC14
Standard deviation 0.26648 0.20263 0.15920 0.15245
Proportion of Variance 0.00507 0.00293 0.00181 0.00166
Cumulative Proportion 0.99360 0.99653 0.99834 1.00000
```

由结果可知，这两种方法中的变动较小。SVD 方法也显示出前 8 个成分解释了数据集中 91.91% 的变动。由 prcomp 和 princomp 的文档可知，它们使用的 PCA 类型并无区别，但是计算 PCA 的方法有差别。这两种方法是谱分解和奇异值分解。

在谱分解中，如 princomp 函数所示，使用的是相关矩阵或协方差矩阵的特征值进行计算。而 prcomp 函数使用的是 SVD 方法进行计算。

为了得到旋转矩阵，即等同于 princomp() 方法中的载荷矩阵，我们可以利用下面的脚本：

```
> summary(pca)$rotation
    PC1   PC2    PC3    PC4     PC5    PC6    PC7     PC8      PC9     PC10    PC11
X1  0.165 0.301 -0.379  0.2004 -0.035  0.078 -0.1114 -0.04567  0.822  -0.0291
0.00617
X5  0.033 0.072 -0.870 -0.3385  0.039 -0.071  0.0788  0.02765 -0.331  -0.0091
-0.00012
X12 0.372 -0.191 -0.034 0.0640 -0.041  0.044 -0.0081  0.00937 -0.010   0.5667
-0.41602
X13 0.383 -0.175 -0.002 -0.0075 -0.083 0.029  0.0323 -0.13573 -0.017   0.3868
-0.03836
X14 0.388 -0.127  0.035 -0.0606 -0.114 -0.099 0.1213  0.09293  0.019   0.1228
0.48469
X15 0.392 -0.120  0.034 -0.0748 -0.029 -0.014 -0.1264 0.03915 -0.019  -0.2052
0.52323
X16 0.388 -0.106  0.034 -0.0396  0.107  0.099 0.0076  0.04964 -0.024  -0.4200
-0.06824
X17 0.381 -0.094  0.018  0.0703  0.165 -0.070 -0.0079 -0.00015 -0.059 -0.4888
-0.51341
X18 0.135  0.383  0.173 -0.3618 -0.226 -0.040 0.2010 -0.74901 -0.020  -0.0566
-0.04763
X19 0.117  0.408  0.201 -0.3464 -0.150 -0.407 0.2796  0.57842  0.110   0.0508
-0.14725
X20 0.128  0.392  0.122 -0.2450  0.239  0.108 -0.7852 0.06884 -0.153   0.1449
-0.00015
X21 0.117  0.349  0.062  0.0946  0.579  0.499 0.4621  0.07712 -0.099   0.1241
0.11581
X22 0.114  0.304 -0.060  0.6088  0.193 -0.604 -0.0143 -0.16435 -0.253  0.0601
0.09944
X23 0.106  0.323 -0.050  0.3672 -0.658  0.411 -0.0253  0.18089 -0.316 -0.0992
-0.03495
    PC12     PC13     PC14
X1  -0.0157   0.00048 -0.0033
X5   0.0013  -0.00015 -0.0011
X12  0.4331   0.18368  0.3164
X13 -0.3452  -0.32953 -0.6452
X14 -0.4957   0.08662  0.5277
X15  0.4896   0.36210 -0.3462
X16  0.2495  -0.71838  0.2267
X17 -0.3386   0.42770 -0.0723
X18  0.0693   0.04488  0.0846
X19  0.0688  -0.03897 -0.1249
X20 -0.1247  -0.02541  0.0631
X21 -0.0010   0.08073 -0.0423
X22  0.0694  -0.09520  0.0085
X23 -0.0277   0.01719 -0.0083
```

旋转后的数据集可利用参数 x 从 prcomp() 方法的概述结果中获取：

```
> head(summary(pca)$x)
    PC1   PC2    PC3    PC4     PC5     PC6    PC7    PC8   PC9   PC10  PC11   PC12
[1,] -1.96 -0.54  1.330  0.1758 -0.0175 -0.0029 -0.013  0.057 -0.22  0.020
-0.0169  0.0032
[2,] -1.74 -0.22  0.864  0.2806 -0.0486  0.1177 -0.099  0.075  0.29 -0.073
 0.0055 -0.0122
[3,] -1.22 -0.28  0.213  0.0082 -0.1269  0.0627  0.014  0.084 -0.28 -0.016
-0.1125  0.0805
[4,] -0.54 -0.67  0.097 -0.2924 -0.0097 -0.1086  0.134  0.063 -0.60  0.144
-0.0017 -0.1381
[5,] -0.85  0.74 -1.392 -1.6588  0.3178 -0.5846  0.543  1.113 -1.24 -0.038
 0.0195 -0.0560
[6,] -0.54 -0.71  0.081 -0.2880 -0.0924 -0.1145  0.194  0.015 -0.58  0.505
-0.0276 -0.1848
    PC13     PC14
[1,] -0.0082 -0.00985
[2,]  0.0040 -0.00072
[3,]  0.0413  0.05711
[4,] -0.0183  0.05794
[5,]  0.0370  0.01208
[6,] -0.0114  0.14273
> biplot(prcomp(df,scale. = T))
```

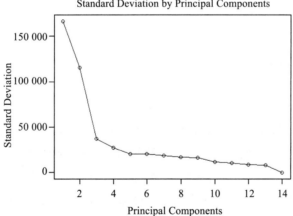

正交的红线代表解释了整个数据集的主成分。

在讨论了不同的降低变量个数的方法之后，我们可以知道输出会是什么，输出应是一个新数据集，其中的所有主成分都会是互不相关的。这个数据集可用于如分类、回归或者聚类等任务。从主成分分析的结果可知如何得到新数据集，我们来看下面的脚本：

```
> #calculating Eigen vectors
> eig<-eigen(cor(df))
> #Compute the new dataset
```

```
> eigvec<-t(eig$vectors) #transpose the eigen vectors
> df_scaled<-t(dn) #transpose the adjusted data
> df_new<-eigvec %*% df_scaled
> df_new<-t(df_new)
> colnames(df_new)<-c("PC1","PC2","PC3","PC4",
+ "PC5","PC6","PC7","PC8",
+ "PC9","PC10","PC11","PC12",
+ "PC13","PC14")
> head(df_new)
     PC1    PC2   PC3    PC4    PC5   PC6    PC7   PC8    PC9  PC10  PC11  PC12
[1,] 128773 -19470 -49984 -27479 7224 10905 -14647 -4881 -113084 -2291 1655
2337
[2,] 108081 11293 -12670 -7308 3959 2002 -3016 -1662 -32002 -9819 -295 920
[3,] 80050 -7979 -24607 -11803 2385 3411 -6805 -3154 -59324 -1202 7596 7501
[4,] 37080 -39164 -41935 -23539 2095 9931 -15015 -4291 -92461 12488 -11
-7943
[5,] 77548 356 -50654 -38425 7801 20782 -19707 -28953 -88730 -12624 -9028
-4467
[6,] 34793 -42350 -40802 -22729 -2772 9948 -17731 -2654 -91543 37090 2685
-10960
     PC13  PC14
[1,] -862  501
[2,] -238  -97
[3,] 2522 -4342
[4,] -1499 -4224
[5,] 3331 -9412
[6,] -1047 -10120
```

8.3 有参数法降维

从某种程度上讲，我们在第 4 章中接触到了基于模型的降维，我们试图实施回归建模，在此过程中我们尝试了通过**赤池信息准则（AIC）**降低数据维度。**贝叶斯信息规则（BIC）**与 AIC 也可用于降低数据维度。只要使用的是基于模型的方法，就有两种途径：

- **向前选取法**：在向前选取法中，每次给模型添加一个变量，然后计算模型的拟合度统计与误差。如果一个维度的添加降低了误差并提高了模型拟合度，则模型保留这个维度；否则，模型移除这个维度。这适用于各种基于监督的算法，例如随机森林、Logistic 回归、神经网络以及支持向量机的实施。特征选取持续一直持续到所有变量都经过了测试。
- **向后选取法**：在向后选取法中，模型起初包含所有变量。然后模型删除一个变量，并计算模型拟合度与误差（根据预先定义的损失函数）。如果一个新维度的删除降低了误差且提高了模型拟合度，则模型移除这个维度；否则，模型保留这个维度。

本章讨论的问题是监督学习分类的一个样例，即因变量是拖欠或没有拖欠。如第 4 章所说的，Logistic 回归方法利用逐步降维过程从模型中移除不想要的变量。同样的操作也可应用在本章所讨论的数据集上。

除数据降维的标准方法以外，还有一些不太重要的方法可供考虑，例如缺失值估计法。有很多稀疏维度的大数据集是很常见的，在应用任何标准降维方法之前，如果我们可以在数据集上计算缺失值百分比，那么可以移除很多变量。移除未能满足最低缺失值占比阈值的变量须由分析师决定。

参考文献

Yeh, I. C., & Lien, C. H. (2009). The comparisons of data mining techniques for the predictive accuracy of probability of default of credit card clients. *Expert Systems with Applications*, 36(2), 2473-2480.

小结

本章介绍了在一个样例数据集上实施降维的多种方法。移除冗余的特征不仅提高了模型准确度，也节省了计算成本和时间。从业务人员的角度来讲，更少的维度将与大量的特征相比更有助于他们直观地建立策略。本章还讨论了在哪里使用哪种技术以及每一种方法的数据要求。维度的降低也为大数据提供了更有意义的洞见。下一章将介绍用于分类、回归和时间序列预测的神经网络方法。

Chapter 9 第9章

神经网络在医疗数据中的应用

基于神经网络的模型正逐渐成为实现人工智能和机器学习的砥柱。数据挖掘的未来将受人工神经网络高级建模技术所影响。一个显而易见的问题就是——为什么神经网络在最近得到了如此重视,虽然它发明于20世纪50年代?借用计算机科学领域的说法,一个神经网络可定义为一个并行信息处理系统,输入(如同人脑中的神经元)互相连接并传递信息,从而可以执行人脸识别、图像识别等任务。本章将学习基于神经网络的方法在多种数据挖掘任务中的应用,例如分类、回归、时间序列预测以及特征简化。**人工神经网络(ANN)**的运作方式类似于人脑,其中数以百万计的神经元彼此连接,从而完成信息处理与见解生成。

本章将介绍神经网络的不同类型、方法和变体,有助于读者使用不同函数来控制人工神经网络训练,从而完成如下标准的数据挖掘任务:

- ❏ 使用基于回归的方法预测实数值的输出。
- ❏ 在基于分类的任务中预测输出水平。
- ❏ 基于历史数据预测一个数值变量的未来值。
- ❏ 压缩并识别出重要的特征,以便执行预测或分类。

9.1 神经网络引论

大脑的生物网络为现实生活中的信息处理和洞见生成提供了连接元素的基础。它是一个神经元层层连接构成的体系,其中一层的输出是另一层的输入,信息作为权重从一层传递到另一层。每个神经元关联的权重包含了一定的洞见,使得下一层的识别和推理变得更容易。人工神经网络是一种非常流行和高效的方法,它由带权重的层组成。不同层的关联由一个数学等式决定,信息由此从一层传递到另一层。事实上,在人工神经网络中有一堆数学公式在运作着。下图显示了一个神经网络模型的基础架构:

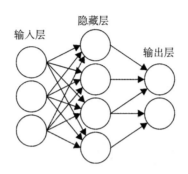

上图中有三层——**输入层**、**隐藏层**和**输出层**,便是所有神经网络结构的核心。ANN作为一项强大的技术,应用于许多现实世界的问题中,例如分类、回归和特征提取。ANN能够从新的输入数据(亦即新经历)中学习,从而提高在分类或回归任务中的表现,并且能够适应输入环境的变化。上图中的每个圆圈代表一个神经元。

神经网络在不同场景应用中有不同的变体。本章将对其中一少部分做概念性解释,并讲解它们在实际应用中的用途:

- **单个隐藏层神经网络**:这是最简单的一种神经网络,如上图所示。其中只有一个隐藏层。
- **多个隐藏层神经网络**:在这种神经网络中,一个以上的隐藏层将连接输入数据与输出数据。这一类型的计算复杂度有所增加,需要系统有更强的计算能力来处理信息。
- **前馈神经网络**:在这一类型的神经网络架构中,信息单向地从一层传递到另一层,没有从第一层迭代学习。
- **反向传播神经网络**:在这一类型的神经网络中,有两个重要步骤。第一步为前馈,即从输入层将信息传递到隐藏层,再从隐藏层传递到输出层。第二步是计算误差并传回前一层。

前馈神经网络模型架构如下图所示:

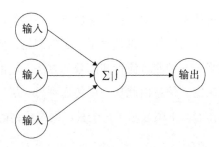

第二步的反向操作如下图所示,其中向左的箭头代表尚未传递到输出层的信息,然后再将误差传递回输入层。

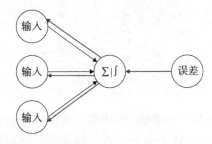

展示了不同类型神经网络的通用结构后,我们来学习它们背后的数学原理。

9.2 理解神经网络背后的数学原理

不同层(输入层、隐藏层和输出层)中的神经元通过一个称作激活函数的数学函数相互连接。激活函数有多个变体。理解激活函数有助于实现准确性更好的神经网络:

- sigmoid 函数:数据挖掘与分析专业人员经常用到该函数,因为它易于理解且易于实施。其公式为

$$f(x)=\frac{1}{1+e^{-\beta x}}$$

sigmoid 函数又称 Logistic 函数,多用于将输入数据从输入层转换到映射层或隐藏层。

- 线性函数:这是简单函数之一,通常用于将映射层的信息传递到输出层。其公式为

$$f(x)=x$$

- 高斯函数:高斯函数为钟形曲线,应用于连续型变量,旨在将输出分类到多个类别中。其公式为

$$f(x)=\frac{1}{\sqrt{2\pi}\sigma}e^{\frac{-(x-\mu)^2}{2\sigma^2}}$$

- **双曲正切函数**：这是转换函数的另一变体，用于将映射层的信息转换到隐藏层。其公式为

$$\tanh(x)=\frac{e^x-e^{-x}}{e^x+e^{-x}}$$

- **对数 sigmoid 传递函数**：下面的公式解释了用于映射输入层到隐藏层的对数 sigmoid 传递函数。其公式为

$$f(x)=\log\frac{1}{1+e^{-\beta x}}$$

- **径向基函数**：这是另一个激活函数，用于传递映射层的信息到输出层。其公式为

$$f(x)=\sum_{i=1}^{n}w_j h_j(x)$$

上面提到的各种传递函数类型在神经网络结构中可互换。为了提高模型准确度，它们可用于不同的步骤，比如输入层到隐藏层、隐藏层到输出层，等等。

9.3 用 R 语言实现神经网络

用于统计计算的 R 语言提供了 3 种库，用以实现针对各种任务的神经网络模型。它们是 nnet、neuralnet 和 rsnns。本章将应用 ArtPiece_1.csv、nnet 库和 neuralnet 库执行多项任务。在这两个库中，神经网络的语法的解释如下。

neuralnet 库依赖于另外两个库——grid 和 mass。在安装 neuralnet 库时，你需要确保这两个依赖库已经正确地安装了。在拟合一个神经网络模型时，一个模型期望的准确度决定了需要的隐藏层数及其中的神经元个数，隐藏层数与复杂度同步增长。这个库为反向传播训练神经网络提供了一个选项，即有权重回溯的弹性反向传播（Riedmiller，1994）或者无权重回溯的弹性反向传播（Riedmiller 与 Braun，1993），或者 Anastasiadis 等修改后的全局收敛版本（2005）。此封装包允许灵活设置——可自定义选择误差函数和激活函数。神经网络语法描述如下：

公式	决定输入与输出之间的关系
Data	有输入与输出变量的数据集
Hidden	一个在其中指定隐藏层数的向量。例如，（10, 5, 2）的意思是第一层为 10 个隐藏神经元，第二层为 5 个，第三层为 2 个

（续）

公式	决定输入与输出之间的关系
Stepmax	使用步骤的最大数值
Rep	迭代次数
Startweights	连接的随机权重
Algorithm	算法用于拟合一个神经网络对象。'backprop' 代表反向传播。'rprop+' 和 'rprop-' 分别对应有回溯的弹性反向传播和无回溯的弹性反向传播，'sag' 和 'slr' 对应最小绝对梯度和最小学习率
Err.fct	两种方法：**平均误差和**（SSE）用于回归预测，**交叉熵**（CE）用于分类问题
Act.fct	'logisic' 和 'tanh' 指 logistic 函数和正切双曲线
Linear.output	如果输出层上没有应用激活函数，则该项应设为 TRUE
Likelihood	如果误差函数等于负似然对数函数，则将计算信息准则 AIC 和 BIC

下表所示为 nnet 库的语法，也可用于创建基于神经网络的模型：

公式	决定输入与输出关系的公式
X	一个包含输入变量的矩阵或数据框
Y	一个包含输出变量的矩阵或数据框
Weights	权重
Size	隐藏层的单元个数
Data	数据集
Na.action	如果发现了缺失值，应该如何操作
Entropy	调节熵（等于最大化条件似然）拟合。默认为最小二乘
Softmax	调解 softmax（对数线性模型）和最大化条件似然拟合。Linout、Entropy、Softmax 和 Censored 互斥
Decay	权重衰减的参数
Maxit	最大迭代次数
Trace	调解 tracing 优化

在神经网络语法描述表中讨论了两个库的语法，现在我们来看将用于预测和分类任务的数据集：

```
> library(neuralnet)
Loading required package: grid
Loading required package: MASS
Warning message:
package 'neuralnet' was built under R version 3.2.3
```

数据集上的结构函数所示的变量类型和本章接下来将使用的数据集大小如下：

```
> art<- read.csv("ArtPiece_1.csv")
> str(art)
'data.frame':   72983 obs. of  26 variables:
 $ Cid                        : int  1 2 3 4 5 6 7 8 9 10 ...
 $ Art.Auction.House          : Factor w/ 3 levels "Artnet","Christie",..: 3 3 3 3 3 3 3 3 3 ...
 $ IsGood.Purchase            : int  0 0 0 0 0 0 0 0 0 0 ...
 $ Critic.Ratings             : num  8.9 9.36 7.38 6.56 6.94 ...
 $ Buyer.No                   : int  21973 19638 19638 19638 19638 19638 19638 19638 21973 21973 ...
 $ Zip.Code                   : int  33619 33619 33619 33619 33619 33619 33619 33619 33619 33619 ...
 $ Art.Purchase.Date          : Factor w/ 517 levels "1/10/2012","1/10/2013",..: 386 386 386 386 386 386 386 386 386 386 ...
 $ Year.of.art.piece          : Factor w/ 10 levels "01-01-1947","01-01-1948",..: 6 4 5 4 5 4 4 5 7 7 ...
 $ Acq.Cost                   : num  49700 53200 34300 28700 28000 39200 29400 31500 39200 53900 ...
 $ Art.Category               : Factor w/ 33 levels "Abstract Art Type I",..: 1 13 13 13 30 24 31 30 31 30 ...
 $ Art.Piece.Size             : Factor w/ 864 levels "10in. X 10in.",..: 212 581 68 837 785 384 485 272 485 794 ...
 $ Border.of.art.piece        : Factor w/ 133 levels " ","Border 1",..: 2 40 48 48 56 64 74 85 74 97 ...
 $ Art.Type                   : Factor w/ 1063 levels "Type 1","Type 10",..: 1 176 287 398 509 620 731 842 731 953 ...
 $ Prominent.Color            : Factor w/ 17 levels "Beige","Black",..: 14 16 8 15 15 16 2 16 2 14 ...
 $ CurrentAuctionAveragePrice : int  52157 52192 28245 12908 22729 32963 20860 25991 44919 64169 ...
 $ Brush                      : Factor w/ 4 levels "","Camel Hair Brush",..: 2 2 2 2 4 2 2 2 2 ...
 $ Brush.Size                 : Factor w/ 5 levels "0","1","2","3",..: 2 2 3 2 3 3 3 3 3 2 ...
 $ Brush.Finesse              : Factor w/ 4 levels "Coarse","Fine",..: 2 2 1 2 1 1 1 1 1 2 ...
 $ Art.Nationality            : Factor w/ 5 levels "American","Asian",..: 3 1 1 1 1 3 3 1 3 1 ...
 $ Top.3.artists              : Factor w/ 5 levels "MF Hussain","NULL",..: 3 1 1 1 4 3 3 4 3 4 ...
 $ CollectorsAverageprice     : Factor w/ 13193 levels "#VALUE!","0",..: 11433 11808 7802 4776 7034 8536 7707 7355 9836 483 ...
 $ GoodArt.check              : Factor w/ 3 levels "NO","NULL","YES": 2 2 2 2 2 2 2 2 2 2 ...
 $ AuctionHouseGuarantee      : Factor w/ 3 levels "GREEN","NULL",..: 2 2 2 2 2 2 2 2 2 2 ...
 $ Vnst                       : Factor w/ 37 levels "AL","AR","AZ",..: 6 6 6 6 6 6 6 6 6 6 ...
 $ Is.It.Online.Sale          : int  0 0 0 0 0 0 0 0 0 0 ...
 $ Min.Guarantee.Cost         : int  7791 7371 9723 4410 7140 4158 3731 5775 3374 11431 ...
```

9.4 应用神经网络进行预测

使用神经网络进行预测的要求是因变量/目标变量/输出变量是数值型以及所有输入变量/自变量/特征变量可以是任一类型。由 ArtPiece 数据集，我们将根据所有可用的参数来预测现在当前平均拍卖价格将是多少。在应用神经网络模型之前，数据预处理（通过移除缺失值以及做任何必要的转换）很重要。我们来预处理这个数据：

```
library(neuralnet)
art<- read.csv("ArtPiece_1.csv")
str(art)
#data conversion for categorical features
art$Art.Auction.House<-as.factor(art$Art.Auction.House)
art$IsGood.Purchase<-as.factor(art$IsGood.Purchase)
art$Art.Category<-as.factor(art$Art.Category)
art$Prominent.Color<-as.factor(art$Prominent.Color)
art$Brush<-as.factor(art$Brush)
art$Brush.Size<-as.factor(art$Brush.Size)
art$Brush.Finesse<-as.factor(art$Brush.Finesse)
art$Art.Nationality<-as.factor(art$Art.Nationality)
art$Top.3.artists<-as.factor(art$Top.3.artists)
art$GoodArt.check<-as.factor(art$GoodArt.check)
art$AuctionHouseGuarantee<-as.factor(art$AuctionHouseGuarantee)
art$Is.It.Online.Sale<-as.factor(art$Is.It.Online.Sale)
#data conversion for numeric features
art$Critic.Ratings<-as.numeric(art$Critic.Ratings)
art$Acq.Cost<-as.numeric(art$Acq.Cost)
art$CurrentAuctionAveragePrice<-as.numeric(art$CurrentAuctionAveragePrice)
art$CollectorsAverageprice<-as.numeric(art$CollectorsAverageprice)
art$Min.Guarantee.Cost<-as.numeric(art$Min.Guarantee.Cost)
#removing NA, Missing values from the data
fun1<-function(x){
ifelse(x=="#VALUE!",NA,x)
}
art<-as.data.frame(apply(art,2,fun1))
art<-na.omit(art)
#keeping only relevant variables for prediction
art<-art[,c("Art.Auction.House","IsGood.Purchase","Art.Category",
"Prominent.Color","Brush","Brush.Size","Brush.Finesse",
"Art.Nationality","Top.3.artists","GoodArt.check",
"AuctionHouseGuarantee","Is.It.Online.Sale","Critic.Ratings",
"Acq.Cost","CurrentAuctionAveragePrice","CollectorsAverageprice",
"Min.Guarantee.Cost")]
#creating dummy variables for the categorical variables
library(dummy)
art_dummy<-
dummy(art[,c("Art.Auction.House","IsGood.Purchase","Art.Category",
"Prominent.Color","Brush","Brush.Size","Brush.Finesse",
"Art.Nationality","Top.3.artists","GoodArt.check",
"AuctionHouseGuarantee","Is.It.Online.Sale")],int=F)
art_num<-art[,c("Critic.Ratings",
"Acq.Cost","CurrentAuctionAveragePrice","CollectorsAverageprice",
```

```
"Min.Guarantee.Cost")]
art<-cbind(art_num,art_dummy)
## 70% of the sample size
smp_size <- floor(0.70 * nrow(art))
## set the seed to make your partition reproductible
set.seed(123)
train_ind <- sample(seq_len(nrow(art)), size = smp_size)
train <- art[train_ind, ]
test <- art[-train_ind, ]
fun2<-function(x){
as.numeric(x)
}
train<-as.data.frame(apply(train,2,fun2))
test<-as.data.frame(apply(test,2,fun2))
```

在训练数据集中，有 50 867 个观察结果和 17 个变量，测试集中有 21 801 个观察结果和 17 个变量。当前平均拍卖价格是预测的因变量，仅使用另外 4 个数值变量作为特征：

```
>fit<- neuralnet(formula = CurrentAuctionAveragePrice ~ Critic.Ratings +
Acq.Cost + CollectorsAverageprice + Min.Guarantee.Cost, data = train,
hidden = 15, err.fct = "sse", linear.output = F)
> fit
Call: neuralnet(formula = CurrentAuctionAveragePrice ~ Critic.Ratings +
Acq.Cost + CollectorsAverageprice + Min.Guarantee.Cost, data = train,
hidden = 15, err.fct = "sse", linear.output = F)
1 repetition was calculated.
    Error Reached Threshold Steps
1 54179625353167 0.004727494957    23
```

模型总体结果的概述由 result.matrix 提供。result.matrix 的代码如下：

```
> fit$result.matrix
                                              1
error                           54179625353167.000000000000
reached.threshold                          0.004727494957
steps                                     23.000000000000
Intercept.to.1layhid1                     -0.100084491816
Critic.Ratings.to.1layhid1                 0.686332945444
Acq.Cost.to.1layhid1                       0.196864454378
CollectorsAverageprice.to.1layhid1        -0.793174429352
Min.Guarantee.Cost.to.1layhid1             0.528046199494
Intercept.to.1layhid2                      0.973616842194
Critic.Ratings.to.1layhid2                 0.839826678316
Acq.Cost.to.1layhid2                       0.077798897157
CollectorsAverageprice.to.1layhid2         0.988149246218
Min.Guarantee.Cost.to.1layhid2            -0.385031389636
Intercept.to.1layhid3                     -0.008367359937
Critic.Ratings.to.1layhid3                -1.409715725621
Acq.Cost.to.1layhid3                      -0.384200569485
CollectorsAverageprice.to.1layhid3        -1.019243809714
```

```
Min.Guarantee.Cost.to.1layhid3 0.699876747202
Intercept.to.1layhid4 2.085203047278
Critic.Ratings.to.1layhid4 0.406934874266
Acq.Cost.to.1layhid4 1.121189503896
CollectorsAverageprice.to.1layhid4 1.405748076570
Min.Guarantee.Cost.to.1layhid4 -1.043884892202
Intercept.to.1layhid5 0.862634752109
Critic.Ratings.to.1layhid5 0.814364667751
Acq.Cost.to.1layhid5 0.502879862694
```

如果误差函数与负对数似然函数相等，则误差指的是似然，如同在计算赤池信息量标准（AIC）时的用途。我们可以将协方差和响应数据存储在一个矩阵中：

```
> output<-cbind(fit$covariate,fit$result.matrix[[1]])
> head(output)
    [,1]  [,2]  [,3]  [,4]  [,5]
[1,] 14953 49000 10727 5775 54179625353167
[2,] 35735 38850 9494 12418 54179625353167
[3,] 34751 43750 8738 9611 54179625353167
[4,] 31599 41615 5955 4158 54179625353167
[5,] 10437 34755 8390 4697 54179625353167
[6,] 13177 54670 13024 11921 54179625353167
```

为了比较神经网络模型的结果，我们可以使用不同调节因子，例如改变算法、隐藏层和学习率。作为例子，仅使用 4 个数值特征生成预测，我们原可使用所有 91 个特征预测当前平均拍卖价格变量。我们也可以从 nnet 库调用其他算法，代码如下：

```
> fit<-nnet(CurrentAuctionAveragePrice~Critic.Ratings+Acq.Cost+
+ CollectorsAverageprice+Min.Guarantee.Cost,data=train,
+ size=100)
# weights: 601
initial value 108359809492660.125000
final value 108359250706334.000000
converged
> fit
a 4-100-1 network with 601 weights
inputs: Critic.Ratings Acq.Cost CollectorsAverageprice Min.Guarantee.Cost
output(s): CurrentAuctionAveragePrice
options were -
```

两个库都给出了相同的结果。虽然模型结果并无区别，但为了继续调整结果，仍应观察模型调整参数（例如学习率、隐藏神经元等）。下图显示了神经网络结构：

用于预测隐藏数据点的模型可使用 neuralnet 库中的 compute 函数和 nnet 库中的 predict 函数实现。

第 9 章 神经网络在医疗数据中的应用 ◆ 183

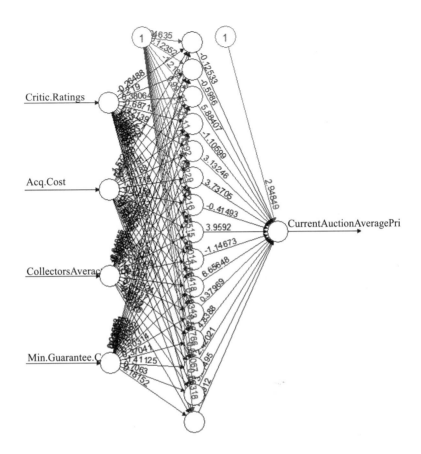

9.5 应用神经网络进行分类

对于基于分类的项目，因变量可以是二进制的或多水平的，例如信用卡欺诈检测、出于营销考虑将顾客分类到多个聚类等。在当前的 ArtPiece 例子中，我们试图根据一些业务相关的变量来预测一件艺术品是否值得购买。作为样例，我们只考虑了少量的特征，虽然可使用数据集中的其他特征生成一个更好的结果：

```
> fit<-neuralnet(IsGood.Purchase_1~Brush.Size_1+Brush.Size_2+Brush.Size_3+
+ Brush.Finesse_Coarse+Brush.Finesse_Fine+
+ Art.Nationality_American+Art.Nationality_Asian+
+ Art.Nationality_European+GoodArt.check_YES,data=train[1:2000,],
+ hidden = 25,err.fct = "ce",linear.output = F)
> fit
Call: neuralnet(formula = IsGood.Purchase_1 ~ Brush.Size_1 + Brush.Size_2 +
Brush.Size_3 + Brush.Finesse_Coarse + Brush.Finesse_Fine +
Art.Nationality_American + Art.Nationality_Asian + Art.Nationality_European
```

```
+ GoodArt.check_YES, data = train[1:2000, ], hidden = 25, err.fct = "ce",
linear.output = F)
1 repetition was calculated.
    Error Reached Threshold Steps
1 666.1522488 0.009864324362 8254
> output<-cbind(fit$covariate,fit$result.matrix[[1]])
> head(output)
     [,1] [,2] [,3] [,4] [,5] [,6] [,7] [,8] [,9]   [,10]
[1,]  1    0    0    0    1    0    0    1    0  666.1522488
[2,]  1    0    0    0    1    1    0    0    0  666.1522488
[3,]  1    0    0    0    1    0    0    1    0  666.1522488
[4,]  0    1    0    1    0    0    0    1    0  666.1522488
[5,]  0    1    0    1    0    1    0    0    0  666.1522488
[6,]  1    0    0    0    1    1    0    0    0  666.1522488
```

下图显示了用于分类的神经网络模型：

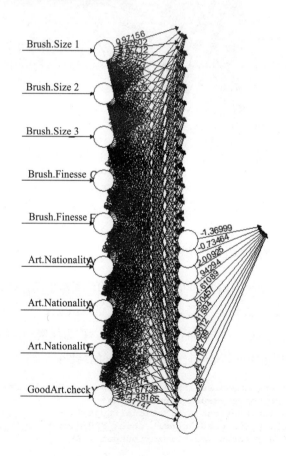

使用另一个库 nnet，针对基于分类的问题获得以下结果：

```
> fit.nnet<-
nnet(factor(IsGood.Purchase_1)~Brush.Size_1+Brush.Size_2+Brush.Size_3+
+ Brush.Finesse_Coarse+Brush.Finesse_Fine+
+ Art.Nationality_American+Art.Nationality_Asian+
+ Art.Nationality_European+GoodArt.check_YES,data=train[1:2000,],
+ size=9)
# weights: 100
initial value 872.587818
iter 10 value 684.034783
iter 20 value 667.751170
iter 30 value 667.027963
iter 40 value 666.337669
iter 50 value 666.156889
iter 60 value 666.138741
iter 70 value 666.137048
iter 80 value 666.136505
final value 666.136439
converged
> fit.nnet
a 9-9-1 network with 100 weights
inputs: Brush.Size_1 Brush.Size_2 Brush.Size_3 Brush.Finesse_Coarse
Brush.Finesse_Fine Art.Nationality_American Art.Nationality_Asian
Art.Nationality_European GoodArt.check_YES
output(s): factor(IsGood.Purchase_1)
options were - entropy fitting
```

9.6 应用神经网络进行预测

神经网络可用于给一个时间序列变量生成预测。R 中的 forecast 库可用于实现有单层隐藏层的前馈神经网络,并以滞后输入值预测一元时间序列。作为预测案例,我们使用 R 中内置数据库"Air Passengers"来实现这个神经网络。

下表反应了 nnetar 函数需要的参数及如何在模型中使用的相应描述:

X	有一个时间变量的一元时间序列
p	输入非季节性的滞后阶数
P	输入季节性的滞后阶数
Size	隐藏层节点的个数
Repeats	以不同随机权重拟合的网络个数
Lambda	称作 box-cox 转换参数
Xreg	用于拟合模型的外部回归
Mean	以平均值作点预测

实际的时间序列如下:

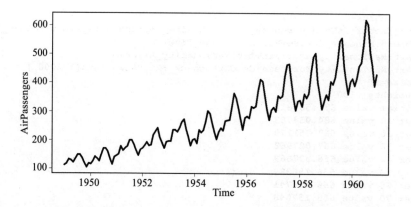

```
> fit<-nnetar(AirPassengers, p=9,P=,size = 10, repeats = 50,lambda = 0)>
plot(forecast(fit,10))
```

一个基于神经网络的预测模型生成以下输出结果：

```
> summary(fit)
Length Class Mode
x 144 ts numeric
m 1 -none- numeric
p 1 -none- numeric
P 1 -none- numeric
scale 1 -none- numeric
size 1 -none- numeric
lambda 1 -none- numeric
model 50 nnetarmodels list
fitted 144 ts numeric
residuals 144 ts numeric
lags 10 -none- numeric
series 1 -none- character
method 1 -none- character
call 6 -none- call
```

预测后续的 10 个区间，图形如下：

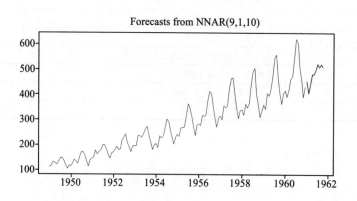

9.7 神经网络的优缺点

用于实施分类、预测和预报的神经网络方法在不同行业仍被当作"黑匣子"技术。人们仍看重逻辑回归胜于神经网络，这缘于神经网络在解释自变量和因变量之间关系时的复杂性。

神经网络的局限如下：
- 不同于决策树和关联提取技术，神经网络"发现"的知识（模式）不是以大众可理解的形式展现的。
- 训练好的**神经网络**（NN）中的知识被编码在它的连接权重中，因此 NN 不可作为描述性数据挖掘（探索）。
- 如果 NN 用于决策，决策不可被解释。通常结合 NN 与其他技术进行解释。

神经网络的优点如下：
- 虽然理解和阐释结果有点困难，但神经网络仍被认作一项分类和回归的有力技术。
- 神经网络被视作自动化预测建模的强大机器学习技术。
- 神经网络可获取数据集中的复杂关系，而这是传统算法（如线性回归或逻辑回归）无法理解和阐释的。

参考文献

Lichman, M. (2013). *UCI Machine Learning Repository* (http://archive.ics.uci.edu/ml). Irvine, CA: University of California, School of Information and Computer Science

小结

本章讨论了使用神经网络模型实现分类、回归和预测的不同方法。无论是监督或非监督数据挖掘问题，基于神经网络的实施不仅为用户所关注，也为相关业务人员所追捧。此外，本章还就在何处使用哪种模型以及每种模型的数据要求进行了讨论。本章特别强调了一项有着更高准确度的有力技术在分类和回归场景中的重要性。

推荐阅读

大数据学习路线图：数据分析与挖掘

Hadoop大数据分析与挖掘实战

Spark大数据分析实战

Splunk大数据分析

R与Hadoop大数据分析实战

Python数据分析与挖掘实战

大数据挖掘：系统方法与实例分析

MATLAB数据分析与挖掘实战

R语言数据分析与挖掘实战

R数据分析秘笈

推荐阅读

R语言数据分析与挖掘实战

Hadoop大数据分析与挖掘实战

Python数据分析与挖掘实战

数据挖掘核心技术揭秘

网站数据挖掘与分析 系统方法与商业实践

数据挖掘与数据化运营实战 思路、方法、技巧与应用

社交网站的数据挖掘与分析

数据挖掘 概念与技术

R语言与数据挖掘 最佳实践和经典案例

推荐阅读

Python数据可视化

R语言数据分析

R语言数据挖掘

机器学习与R语言实战

R语言
实用数据分析和可视化技术

实用数据分析

决策分析
以Excel为分析工具

游戏数据分析的艺术

数据挖掘核心
技术揭秘